건축가 이종호
Architect Yi Jongho

건축가 이종호
Architect Yi Jongho

metaa

[목 차]
Contents

발간사_ 우의정 소장
    책을 펴내며 ⋯⋯⋯⋯⋯⋯⋯⋯⋯⋯⋯⋯⋯ 7

서문 1_ 건축가 조성룡
    2014년 2월 초 이종호선생에 ⋯⋯⋯⋯⋯ 8

서문 2_ 건축가 민현식
    건축가 이종호 ⋯⋯⋯⋯⋯⋯⋯⋯⋯⋯⋯⋯ 10

서문 3_ 서울시립대학교 김성홍
    건축가 이종호와 서울그리드 ⋯⋯⋯⋯⋯ 14

율전교회(1990) ⋯⋯⋯⋯⋯⋯⋯⋯⋯⋯⋯⋯⋯ 18
용두리주택(1991) ⋯⋯⋯⋯⋯⋯⋯⋯⋯⋯⋯⋯ 24
팜파스휴게소(1992) ⋯⋯⋯⋯⋯⋯⋯⋯⋯⋯⋯ 28
바른손 센터(1993) ⋯⋯⋯⋯⋯⋯⋯⋯⋯⋯⋯ 36
서울 정도600년 기념관(1993) ⋯⋯⋯⋯⋯⋯ 48
메타사옥(1994) ⋯⋯⋯⋯⋯⋯⋯⋯⋯⋯⋯⋯⋯ 56
M주택(1995) ⋯⋯⋯⋯⋯⋯⋯⋯⋯⋯⋯⋯⋯⋯ 66
위곡리주택(1996) ⋯⋯⋯⋯⋯⋯⋯⋯⋯⋯⋯⋯ 72
명지대학교 방목기념관(1997) ⋯⋯⋯⋯⋯⋯ 80
박수근마을
    박수근미술관(2001) ⋯⋯⋯⋯⋯⋯ 90
    예술인촌(2005) ⋯⋯⋯⋯⋯⋯⋯⋯ 102
    박수근파빌리온(2013) ⋯⋯⋯⋯⋯ 110
광주 비엔날레 프로젝트 4:접속(2002) ⋯⋯ 122
광주 분원백자관(2003) ⋯⋯⋯⋯⋯⋯⋯⋯⋯ 128
이화여고 100주년기념관(2003) ⋯⋯⋯⋯⋯ 136
헤이리 리앤박갤러리(2003) ⋯⋯⋯⋯⋯⋯⋯ 150
보리출판사(2004) ⋯⋯⋯⋯⋯⋯⋯⋯⋯⋯⋯ 156
설악면 주택(2004) ⋯⋯⋯⋯⋯⋯⋯⋯⋯⋯⋯ 164
안양 강변교회(2004) ⋯⋯⋯⋯⋯⋯⋯⋯⋯⋯ 170
감자꽃 스튜디오
    감자꽃 스튜디오(2004) ⋯⋯⋯⋯⋯ 182
    감자꽃스튜디오_ 마을회관증축(2012) ⋯⋯ 186
아티누스(2005) ⋯⋯⋯⋯⋯⋯⋯⋯⋯⋯⋯⋯ 192
춘천 레만프로젝트(2005) ⋯⋯⋯⋯⋯⋯⋯⋯ 200
한국공예문화진흥원(2005) ⋯⋯⋯⋯⋯⋯⋯ 206
음악세계사(2006) ⋯⋯⋯⋯⋯⋯⋯⋯⋯⋯⋯ 212
지식산업사(2006) ⋯⋯⋯⋯⋯⋯⋯⋯⋯⋯⋯ 222
이순신 기념관(2007) ⋯⋯⋯⋯⋯⋯⋯⋯⋯⋯ 230
한국의집 취선관(2007) ⋯⋯⋯⋯⋯⋯⋯⋯⋯ 240
아산시 산림박물관(2008) ⋯⋯⋯⋯⋯⋯⋯⋯ 250
분당 이매동 타운하우스(2009) ⋯⋯⋯⋯⋯ 258
노근리 평화박물관(2010) ⋯⋯⋯⋯⋯⋯⋯⋯ 270
제주 롯데 아트빌라스(2010) ⋯⋯⋯⋯⋯⋯ 282
대학로 마로니에 공원(2011) ⋯⋯⋯⋯⋯⋯ 290
파주2단지 3제(2013)
    그루비주얼 사옥 ⋯⋯⋯⋯⋯⋯⋯⋯ 306
    청아출판사 사옥 ⋯⋯⋯⋯⋯⋯⋯⋯ 308
    위즈덤피플 사옥 ⋯⋯⋯⋯⋯⋯⋯⋯ 310
이화정동빌딩(2013) ⋯⋯⋯⋯⋯⋯⋯⋯⋯⋯ 312

이화여고 백주년기념관 앞에서

1887년 고종황제로부터 이화학당이라는 교명을 하사받아 시작한 이화여고는 기둥이 네 개라는 뜻의 사주문을 학교의 교문으로 사용하였다. 교문의 안쪽에는 한국 최초의 근대식 호텔이 1902년 지어지고 당시 황실의 의전담당이었던 앙투아네트 손탁 여사의 이름을 따서 손탁호텔이라 하였으며 이 호텔에는 한국 최초의 커피전문점이 있었다. 1917년 호텔의 소유가 이화여고로 넘어가면서 기숙사로 사용하다가 1922년 프라이 홀을 건립하였고 이 건물은 1975년 화재로 소실되었다. 그리고 외벽에 사용하였던 화재를 견딘 붉은 벽돌은 이화여고의 마당에 깔아둔 채로 지내왔다. 이화여고에 대한 연구를 하던 중 이러한 내용을 알게 되었고 이 자리에 설계를 진행하던 이화여고 백주년기념관의 정면 외벽에는 학교 곳곳의 바닥에 깔려있는 프라이 홀의 붉은 벽돌을 닦아서 외장재로 사용하였고 1층의 좋은 자리에는 커피전문점을 배치하였다.

이 사진에는 19세기의 문과 20세기의 재료와 21세기의 건축이 함께 있으며 그 가운데에 이종호가 있다. 아마도 이것이 그가 생각하는 혼성의 풍경(heterogeneous scape)일 것이다.

1988년 이종호는 오래 몸담던 공간을 뒤로하고 몇몇 사람과 뜻을 모았다. 시작은 단촐하였다. 사람과 공간도 없이 벌어진 그의 시작에는 그의 꿈을 지지하는 선배의 도움이 큰 힘이 되었고 그에게는 그저 문화와 건축을 사랑하는 큰 꿈이 있었으며 그에 동참하는 파트너가 곁을 함께 하였다. 오랜 고민 끝에 그 단체는 이름을 갖게 되었다. 스튜디오 메타

METAA / Metabolic Evolution Through Art & Architecture

건축과 예술을 통한 점진적 진화

이종호에게 건축은 생성과 발전 그리고 쇠퇴의 과정이 문화와 사회의 흐름과 함께 하는 유기체로 인식되었다. 그는 설계 이전에 먼저 사람을 바라보고 사람과 사람 사이의 관계성에 주목하였으며 사회와 소통을 들여다보며 이들이 만들어내는 도시구조를 이해하고자 하였다. 정작 건축은 가장 뒤에 후순위로 자리매김 하는 듯 여겨지기도 하였다. 그러한 연유로 그의 건축은 서로 닮지 않았다. 그의 건축은 그의 머리나 손에서 나오는 것이 아니라 대지와 사람의 관계에서 기인하였던 탓에 모두에게 다른 원칙이 적용되었고 그 결과물들은 서로 비슷하지도 않은 모습으로 지어진 것이다. 많은 건축가들은 코드화(encode)에 익숙하다. 자신만의 작업의 특성이 스스로 규정되어 숨어있는 약어들이 시간과 공간을 사이에 두고 반복적으로 등장하는 것이다. 하지만 이종호에게는 이런 태도가 없다. 아니, 없어졌다. 그의 초기의 작품에서 볼 수 있는 건축적 관념이 사라지게 된 것이다. 정확히 표현하자면 사라진 것이 아니라 보이지 않는 것이다. 마치 chaosmos라는 단어가 어울리듯이 그의 작품에 존재하는 어려운 질서들이 우리의 눈에는 보이지 않는 것이다. 우리는 이 현상이 코드화와 탈코드화 그리고 초월코드화를 거치고 있는 과정이라고 생각한다. 대지의 이야기에 귀를 기울이며 여기에서 나온 요소들이 시설의 축조에 적용되고 건축의 언어로 변화의 과정을 거치게 되면 그 안에 숨어있는 질서들이 잘 안보이는 것은 아닐까 하는 생각을 가끔 해보았다.
그는 김수근 문하의 공간에서 많은 수의 설계과정에 관여하였다. 그리고 그 후 20여년간 자신의 건축을 이야기 하였다. 이 기간 중 약 200개의 공간 생성을 주도하였고 그 중 30여개의 프로젝트를 선정하여 금번 작품집에 담는다. 소개되는 주요 프로젝트를 선정하고 그에 따르는 자료를 정리하며 작업을 진행하는 과정에서 다시금 이종호의 건축에 대한 고집과 철학을 알 수 있었다. 프로젝트의 선정에는 작품에서 비춰지는 그의 모습을 중요하게 생각하였다. 그의 건축인생에는 경제적 관점에서의 즐거운 기억들도 있었고 사회적으로 관심을 받은 일들도 적지 않다. 하지만 작품집에 담는 프로젝트는 이와는 상관없이 그가 작업에 임하면서 보여준 애정과 노력을 기준으로 선정하였다.

이 작품집을 통하여 이종호의 건축을 이해하는 데에 다소나마 도움이 되기를 바라며 도움을 주신 많은 분들께 감사를 전한다.

studio metaa, 우의정

건축가 조성룡
[2014년 2월 초 이종호선생에]
Preface

2014년 2월 초 이종호선생에게서 세운상가로 와서 점심먹자는 전화가 걸려왔다. 그렇잖아도 그가 이 오래된 60년대 거대 도시구조 어딘가에 장소를 마련했다는 말을 몇 번 해온 터라 그의 새로운 궁리가 궁금하던 터였다. 그의 새 터전은 매우 좁고 그리고 텅 비어있었다. 워낙 전세 임대공간이 잘 나오지 않아 우선 작은 면적 하나를 잡고 차차 확장을 도모한다고 했다. 전에도 청계천과 을지로 일대를 잡아 학생들과 도시 리서치를 해오던 생각이 들어 세운상가를 새로운 기획으로 삼은 것은 자연스러운 연결작업이란 생각이 들었다. 오래 힘들어하던 아토피도 많이 좋아졌다고 했다. 그러나 얼마 후의 그의 죽음과 연관 지을 아무런 말도 기억할 수 없다. 그 오후 좁은 인현동 골목의 허름한 식당에서 점심을 함께 했고 그때가 생전에 마지막으로 그를 본 시간이었다.

그 전 해에는 문득 전화를 걸어 서울시에서 제시한 백사마을 정비계획의 공공건축 실적증명을 요구하는 계약조건이 어려워 꼭 함께 해주었으면 하는 부탁을 받고 (내키지 않는 프로젝트였지만) 큰 의의를 갖자해서 힘든 일년을 보내오던 다음이었다. 예전에 비해 자주 얼굴을 마주하기는 어려웠지만 늘 그러듯이 주변에서, 그리고 학교에서 일어난 일들에 대하여 이야기를 나누고 별달리 뚜렷한 이유가 없어도 한 달에 한번쯤은 꼭 연락을 해서 점심이나 저녁자리를 마련하였다. 정기용선생이 2011년 3월 오랜 병환 끝에 우리 곁을 떠난 때부터였다. 기일이 가까우면 모란공원 묘소를 함께 가자고 미리 기별하여 약속한 것도 늘 그였다.

그러니까 내가 70년 후반부터 강남에서 살며 일하다가 10년전 그의 권유로 동숭동에서 정기용선생의 기용건축과 사무실을 함께 써 온 것도 그의 아이디어와 권유로 이루어진 일이라 유독 나를 챙기는 것은 얼마간의 의무감 같은 것을 느끼는 듯 했다.

사실 이종호선생은 이미 90년대 초에 파트너였던 양남철과 함께 율전교회, 홍천팜파스휴게소, 바른손센터 등 일련의 의미있는 작업들을 통하여 활발하게 활동해오고 있었다. 이어 이종호선생은 동숭동에 메타사옥을 설계하고 사물놀이 김덕수, 문화기획을 하는 강준혁과 함께 새로운 동숭동문화네트워크를 추진하였다. 그리고 2005년 마로니에공원 옆 임대빌딩으로 옮길 때 정기용선생과 나를 끌어들였다. 이 때부터 세 사람은 여러가지 작업으로 연대하게 되었다. 그가 2003년에 서울건축학교를 마무리하고 한국예술종합학교 건축학과 교수가 되면서 전문사(대학원)과정으로 옮겼다.

2006년의 베니스비엔날레 건축전 한국관 전시에 커미셔너로 지명되었을 때 이종호선생을 부커미셔너로 같이 일을 했다. 전시 참가 건축가들과 소통하지 못하고 원활치 못한 진행에도 그는 특유의 말투로 늘 대범하게 조언하곤 했다. 많은 순간에 그는 올바른 결정을 내려서 나의 우물쭈물함에서 구제해주었다. 그는 나에게는 늘 바르고 현명하게 대해주었다. 정기용이 세상을 떠난 후에 오래 함께 지냈던 나를 걱정하여 신경을 많이 써 주었다. (지난 몇 년 동안 스리랑카. 티벳. 네팔 등 동아시아 지역 기행을 기획하면서 동행하기를 적극 권유했음에도 여러 핑계로 한번도 응하지 못했다.)

그 후 그의 사무실 메타건축을 통해 분원리 백자기념관, 이순신 기념관, 박수근 미술관 등 전시공간 계획과 설계에서 부러워할 만큼 다채로운 작업을 발표하고 한편으로 서울건축학교 'sa여름 워크숍'과 한예종도시연구소uasa에서 발군의 도시리서치작업을 펼쳤다. 그 중 중요한 것은 광주비엔날레 폐선프로젝트, 광주 아시아전당 문화중심도시와 무주태권도공원 프로젝트였다. 행정복합도시 첫마을(아파트단지)국제 설계경기에는 민현식, 정기용과 함께, 동대문운동장 공원화계획 DDP지명공모에는 정기용, 이종호선생도 함께 응모했다. 2008년에는 동숭동에 있는 건축사무소 몇 군데가 조직하여 유럽순회전시회 's(e)oulscape'에 함께 참가했다.

전시와 공연을 위한 문화공간 만들기에 큰 관심을 보였던 이종호선생의 박수근 미술관은 괄목할만한 그의 대표작이다. 2000년 지명설계경기에서 선정되었다. 민간인 인구 3만도 안되는 군사도시 양구군이 낳은 '국민화가'를 기리는 이 기념미술관은 박수근의 작품 한 점도 없이 시작하여 이제 가장 훌륭한 문화공간으로 자리잡았다. 그가 세상을 떠날 때까지 10여년 동안 대단한 열정을 가지고 헌신적으로 작업한 결정체이다. 산자락과 논이 만나는 끝에 배치한 미술관 옆 논자리를 확충하도록 제안하여 지역예술가들의 활동을 지원하는 레지덴스 시설이 들어서도록 하고 이어 설계한 박수근 파빌리온은 2014년 완성되어 그의 유작이 되었다.

그가 다음에 다음에 하며 한사코 함께 가기를 주저하기도 했지만 이런저런 핑계로 양구가기를 놓쳤던 나는 그가 세상을 떠난 후에야 숙제를 마쳐 그의 영정 앞에서 얼마나 부끄러워 했던가. 어쩌면 이 원대한 계획을 도모한 후에 자랑스럽게 보여주고 싶어 미루었을까? 작년 미술관에서 운영자문위원을 맡아달라고 요청받았을 때 작은 힘이라도 보태야겠다고 마음먹게 된 것도 어쩌면 그 동안의 나의 무심함에 대한 자책일수도 있었겠다.

노근리기념관, 마로니에 역시 그의 마지막 시기에 수행한 작업이고 전자의 설계경기에는 내가 심사위원으로 참여하였다. 그의 비극적인 사건이 일어나기 몇달 전 마로니에 공원의 준공을 거의 앞두고 갑작스럽게 한 동숭동 주민이 일으킨 민원 문제로 시달리기도 했다.

김수근문하이기는 하나 이종호선생은 한국건축계에서 보기 드물게 일찌기 홀로서기로 자신의 건축을 나타낸 건축가이며 학생을 포함한 젊은 건축가들을 아끼고 그들과 열심히 소통하려고 노력한 '선생'이기도 하다. 그리고 사회의 변화와 도시의 현실과 문제에 마주하며 끊임없이 지식을 탐구하고 주변의 사상가, 예술가, 건축가들과 협업하며 지혜와 성찰로 넓은 세계를 구현하려 애쓴 우리 시대의 바른 문화인이었다.

오늘 새삼 그가 그립다.

병신년 정월 **조성룡**

건축가 민현식
[건축가 이종호]
Preface

'창조'(creation)가 화두의 중심에 있었던 모더니즘 시대의 건축가들은 예술가처럼 작업했다. 특히 '(어떤) 형태'의 창조를 소명으로 삼았다. 해서 한 때 우리는 그들을 '형태창조자'(form giver)라 부르면서 건축가를 특히 20세기의 거장들을 조물주(Arhitect)의 반열에 올려놓기도 했다. 물론 여기에서 말하는 형태(form)는 단순히 눈에 보이는 물리적 형상만을 뜻하는 것이 아니라, 본질(本質 essence)의 의미도 함축하고 있긴 하지만, 일반 대중에게 전달될 때는 형태(form)는 형상(形象 shape/appearance)으로 소통될 뿐이다.
모두들 그들을 뒤쫓아 자신의 생산품을 '(예술)작품'이라 부르면서, 다른 이들과는 구별되는 독자적인 형태, 즐겨 쓰는 재료와 구법, 디테일 등을 개발하고, 한동안 일관되게 반복적으로 사용하여, 그것으로 자기 건축의 정체성(正體性 identity)으로 삼는 일에 골몰했다. 건축의 시각적 이미지만으로 그것이 누구의 작품인지를 단숨에 일별할 수 있어야 비로소 건축가의 반열에 들었다고 믿었다. 그것이 '창조된 작품'이기 때문에 아무도 그것이 그리 되어야 할 필연적 '이유'를 구태여 묻지 않았고, 물론 건축가 자신도 애써서 대답하려고하지도 않았다.
이런 건축사회에서 건축작업의 과정이 마치 인문학자 같았던 이종호는 '예술가'이기를 스스로 포기한 듯 보였다. 강권에 의해 교수가 되기 전까지 그는 구태여 공식적인 직함을 가지려 하지 않았다. 인문학 뿐 아니라 과학, 예술 심지어 잡기까지 다양한 분야의 지식에 대한 욕심이 도를 넘는 듯 했고, 지적 사치가 심했다. 이래서인지 이종호는 여기저기서 유별나게 굴거나 기인처럼 보이기도하고, 그의 독특한 걸음새만큼이나 나이에 걸맞지 않게 시건방지기도 했다. 건축가들 사이에선 인문학자인체하며 그들을 비웃었고, 예술가들 사이에선 또 과학자인양 거드름을 피우기도 했다. 가끔씩 이런 위악적 태도로 그의 마음을 감추는 오기를 부렸던 것은 치기 넘치는 이 사회에서 버틸 수 있는 편리한 방편이었는지도 모른다.

그래서인지 이종호의 '작품(?)'들에는 통상 건축적 형식이라고 부르는 것들, 예를 들어 시각적 형태언어, 공간조직의 구법, 즐겨 쓰는 재료와 공법, 디테일 등의 독자성이나 일관성을 찾아내기 쉽지 않다. 기능에 따라 다르고, 장소에 따라 다르며, 시기에 따라 달랐다.
이런 연유로, 그가 만든 각각의 집들이 가지고 있는 건축적 형식을 다 걷어내고 난 다음, 끝까지 남아있는 것은 무엇인가 또는 그의 건축 작업을 관통하는 일관성은 무엇인가를 질문하게 된다. 어렵사리 추출되기도 하고, 가끔씩 이종호 스스로 드러내 보이기도 하는 일관성이 없지는 않다. 다른 관점에서 접근하면 드러나는, 소위 통상의 건축적 형식과는 다른 곳에 있다.
아마, 이런 것들이다. 우선 그 집이 자리 잡은 장소에 있어왔던 물리적 환경에 대한 이종호의 독자적 해석 그리고 그 집으로 인해서 새롭게 형성되는 또는 되기를 바라는 특별한 사회적 관계이다. 다시 말해, 이종호의 집들이 우리에게 말하고 있는 것은, 주변을 형성하고 있는 무수히 많은 물리적 환경 요소들 중에서 이종호가 유독 주목한 것이 무엇이었는지, 왜 유독 그것들을 주목하였는지, 그 주목한 환경요소들이 어떻게 건축화 되었는지, 등이며 그리고 그 집에서 독특하게 형성되어가는 사회적 관계 그리고 그 관계망이 구축되어 가는 과정이다.

예를 들어 이러하다.

이종호의 첫 발언이라 할 수 있는 율전교회(1990)의 경우, 그는 그 동네에 있음직한 방앗간으로부터 이야기를 시작했다. 마치 기존의 방앗간을 리모델링한 듯 착각을 일으킬 정도였다. 목제 널빤지, 8m 스팬의 가시오(목제 트러스), 콘크리트 블럭, 목제 창호 등 그 동네에서 어렵지 않게 마련할 수 있는 재료들을 쓰고, 그 동네목수의 기술로도 능히 지을 수 있어, '건축가'에 의해 설계된 집이라기보다, 그저 전설을 주저리주저리 달고 있는 전형적인 그 동네 버나큘러vernacular 같다. 이종호가 만들었다기보다 그곳의 환경이 만든 것이다. 거기에 기독교의 교의가 덧붙여지고, 오랫동안 지나오면서 정제된, 이제 그들에겐 일상이 되어버린 기독교 의례들과 교회생활을 담았다.

또 하나의 걸작 팜파스 휴게소(1992). 시속 87km로 달리는 여행객을 유혹하기 위해 탑을 세워 휴게소임을 직설적으로 드러낸 다음, 대지의 자연환경을 건축작업을 통하여 다시 배열하여 자연환경요소들의 관계를 더욱 유기적으로 맺어 주어서 그것들의 의미를 재생산한다. 비교적 넓게 트인 들판, 원경의 산들, 그리고 이 대지를 정점으로 감아 흐르는 작은 하천을 우선 주목한다. 그저 따로 노는 듯한 그것들을 여행객의 동선을 매개로 엮어놓는다. 몇 개의 요소들에 의해 위요(圍繞)된 내부적 외부공간을 도입하여, 방문객들이 이 집을 드나들면서 그것들을 특별하게 만나게 한다. 따라서 이 집은 휴게소의 기능을 제거하고 들여다보면 그저 공간을 매개로, 주변의 자연적 요소들 즉 풍경들을 이종호의 독자적 관점으로 편집한 것이다. 땅이 가지고 있던 자연환경요소들을 공간을 매개로 다시 배열하고 엮어서 그것들의 의미를 재생산한다.

그 장소가 도시로 옮아와도 이종호의 작업의 태도는 그리 변하지 않는다. 메타사옥(1994)의 경우, 그 장소가 도시 특히 서울이기 때문에 쓰인 재료가 인공적이며, 그 디테일과 공법이 이제 버나큘러의 수준을 넘는 것은 당연한 것이다. 하지만 이 집 역시 '건축'보다는 이 집으로 말미암아 새롭게 형성될 사회적 관계 그리고 그 관계 때문에 생산된 한 차원 높은 문화적 가치를 획득하는 것이다. 통상적 관점에 의하면 같이 있을 이유가 필연적이지 않은 세 부류의 집단들 즉 이종호의 건축설계집단, 김덕수의 사물놀이패, 그리고 문화기획가 강준혁 등이 만들어 가는 특이한 문화공동체는 이제는 상식처럼 들리는 통섭이라는 시대정신을 건축을 통하여 실현하였다. 이쯤에 오면 가히 선험적이라 말할 수 있다. 앞뜰의 정자목, 유난스레 공을 들여 골라 심은 느티나무 한 그루가 이 모든 것을 표상하고 있다. 이제 이 세 집단은 모두 이 집을 떠났고 이종호, 강준혁은 이미 타계했지만 그 유대(紐帶)는 아직도 건강하게 지속되고 있다.

대표작으로 내세워도 좋을 박수근미술관(2001)에서 이종호는 이러한 작업태도를 작심한 듯 드러낸다. 그즈음 까지의 경험들이 만든 자신감인지도 모른다. 나는 얼마 전 박수근미술관에 대해 이렇게 쓴 적이 있다.(민현식, 『건축에게 시대를 묻다』돌배게 2006)

" … 이종호 선생이 작은 책 한권을 불쑥 내밀었다. 우리에게는 자못 익숙한 L. 바라간의 건축 사진집이었다. 사진작가 R. 베리가 찍은 바라간의 공간과, 이 위대한 건축가에 대한 자신의 경외심을 고백한 베리의 서문이 실렸다. 우리를 전율하게 했던 바라간의 '침묵의 공간'들, 그리고 그 공간들 사이사이에 바라간의 명구들을 시와도 같이 새겨 넣은 아름다운 책이었다. 책장을 들추면서, 이런 글을 읽는다.

Don't ask me about this building or that one
don't look at what I do. See what I saw.

번역하면 이런 말이 될 것이다.

나에게 이 집 또는 저 집에 대해서 묻지 마십시오.
내가 무얼 하는지를 보려하지 마십시오.
단지 내가 보았던 것을 보려하십시오.

이종호의 박수근미술관은 이런 태도로 지어진 집이다."

박수근미술관에서 박수근의 작품보다 먼저 만나는 것은 미술관을 헤집고 다니면서 문득문득 만나는 풍경, 바로 박수근이 일상생활에서 보아왔던 풍경이다. 건축은 그 풍경을 특별하게 보여주는 장치이다. 해서, 이종호는 "이곳은 (박수근)선생이 처음 '그림'에 빠져들며 밀레와 같은 전원의 화가가 되기로 마음먹었던 곳이다. 사람들은 이 미술관을 통해 선생을 만나게 된다. 만남은 우선 선생이 경험했을 풍경을 매개로 이루어진다. 미술관은 유물, 유품, 그의 그림 이전에 건축 그 자체로서 매개의 장치가 되고자 한다. 그러기에 이곳에 세워진 미술관은 건축이 만들어낸 장소의 힘으로서도 선생과의 만남을 만들어내는 통로가 될 수 있어야 한다. '대지에 미술관을 새겨나간다.' 맨 처음 대지에 계획을 시작했을 때, 제일 먼저 떠 오른 말이었다. 미술관은 의미 깊은 터 위에 산줄기를 따라 강하게 뿌리박은 모습으로 새겨져 있다. 미술관의 건축이 만들어낸 이 장소를 통한 경험이 선생이 가졌던 이 땅의 삶에 대한 깊은 이해와 함께 우리에게 어떤 삶에 대한 새로운 충동으로 이어질 수 있기를 바란다."(양구군립 박수근미술관 안내 팸프릿에 적힌 이종호의 글)

유작(遺作)이 되어버린 대학로 마로니에 공원에서 이종호가 이룬 가장 위대한 성취는 계획과 관리의 경계선을 없애고 그것을 하나의 영역으로 만든 일이다. 하나의 영역으로 만든다는 것은 이곳에서 벌어졌던, 이곳에서 벌어지고 있는 그리고 이곳에서 벌어질 것 같은 수많은 이벤트들의 위계를 없애는 것이며 그것들이 자율적인 독자성을 가지고 서로서로 상관하여 시너지에 의한 한 차원 높은 문화적 가치를 생산하게 되기를 바란다. 그러한 환경을 위해, 이종호는 그것들이 벌어지면서 기대게 되는 물리적 요소들의 네트워크를 신바람 나게 짜 나갔다. '마로니에'는 좀 더 강하게 존재감을 드러내야하며, 포장재 위에 의미있는 선들을 새겨넣고, 마구 뿌려진 조형물들이 서로 관계를 가지도록 조정되며, '김수근'의 붉은 벽은 황혼에 더욱 찬란하게 빛나게 한다.

인문학자 같았던 건축가 이종호의 관심이 건축에서 도시로 넓어지는 것은 필연적이다. 그의 모든 지적 모험은 이를 위함이었다고 해도 과언은 아니다. 도시에 대한 그의 이해는 K.마르크스가 주장한대로 "도시는 하나의 사물로 물상화시키는 것이 아니라 하나의 과정으로 인식되어야 한다.(Capital, Marx insists, must be conceived of as a process and not reified as a thing.)"는 사유로부터 출발해서 동서고금의 지적 사유를 헤집고 다니다가 W. 벤야민에서 문득 멈추고 말았다.

이종호가 그렸던 도시, 하이퍼폴리스를 짧게 쓴다면, 아마 "배치의 도시에서 흐름의 도시로, 미학의 도시에서 가치의 도시로, 존재의 도시에서 생성의 도시로"가 될 것이다. 그의 도시는 아직 뚜렷하지 않다. 물론 그것은 태생적으로 뚜렷한 대답이 있을 수 있는 것이 아니기 때문에, 그 논의를 누군가가 이어가겠지만, 그가 떠난 뒤 남아있는 빈자리가 유난히 크게 느껴지는 것은 어쩔 수 없다.

건축가 민현식

서울시립대학교 김성홍
[건축가 이종호와 서울그리드]
Preface

"마침 그 날은 세운상가 852호에서 벤야민 강연이 네 번째로 이뤄진 날이고, 예정대로라면 2시간 정도 이르게 만나 내 벤야민 강연에 앞서 이종호선생님이 '세운상가에 관한 연구'를 들려주시기로 했던 날이다... 그리고 결국 강의가 끝나고 우리가 집으로 돌아갈 때까지 그는 오지 않았다."[1]

이 세상에 있었던 인간 이종호에 대한 마지막 글인 듯싶다. 2014년 2월 21일 새벽 1시 12분 나는 미국의 소도읍에서 SNS를 통해 지금도 믿기 어려운 비보를 접했다. 그렇게 그는 우리 곁을 떠나갔다. 그로부터 2년이 지난 지금도 그가 다른 세상에 있다는 것을 받아들이기 어렵다. 선배 건축가 한 분은 세대 간의 연결고리 역할을 했던 그의 빈자리가 너무 크다고 한다. 하지만 절대 다수는 망자에 대해 말을 아끼고 있다.

돌이켜보니 그의 건축에 대한 나의 글은 11년 전 쓴 짧은 한편 뿐이다. 그동안 머릿속에 많은 생각이 맴돌 뿐 그에 대해 쓸 용기가 나지 않았다. 그가 남긴 질문과 성과를 냉정하고 관조적으로 평가할 수 있을 때가 오리라는 생각 때문이라는 변명을 해본다. 그가 한 말, 그가 쓴 글, 그리고 그를 기억하는 몇몇 분의 글 중에서 꼭 되새기고 싶은 글귀에 첨언하여, 미완의 짧은 서문을 쓰고자 했다.

건축가 이종호는 한국건축지형도의 어떤 지점에 서 있었을까? 어떤 이는 그가 건축가라기보다는 도시연구자나 교육자의 모습으로 더 남는다고 한다. 혹자는 이종호는 당시 뚜렷한 작품을 보여주지 못하고 '건축 휴면기'에 있었다고 말한다.

이종호는 1990년 율전교회와 1992년 홍천휴게소에서 한국건축이 황무지였던 목조와 블록을 결합한 거친 구법의 건축을 내놓았다. 당시 탈근대주의를 얄팍하게 차용한 표피적 형태에 빠져있었던 건축계에서, 흑백으로 그린 율전교회의 간결한 투시도는 젊은 건축도의 뇌리에 강하게 각인되었다. 계단이 공중에 떠 있는 듯한 1993년 바른손센터의 일점투시도는 그동안 서울의 도시건축이 왜 진부했는지를 시각, 공간, 촉각적으로 일깨워주었다. 그 후 대표작이라고 할 수 있는 2001년 양구 박수근미술관, 2003년 이화여고 100주년 기념관, 2011년 마로니에 공원을 남겼지만, 이종호와 스튜디오메타가 정상을 오르고 있었던 시점은 한국 현대건축의 미명(未明)이라고 할 수 있는 1990년대 초반이었다.

그 즈음 건축가 이종호의 관심은 이미 개별 건물에서 도시로 옮겨가고 있었다. 1998년부터 10년간 계속된 서울건축학교 여름워크숍에 몸을 담그면서 그는 도시에 눈을 떴다. 교과서처럼 여겼던 유럽중심의 건축론에서 벗어나 한국건축의 자생적 이론을 만들기 위해서 도시가 저장고이자 탈출구라고 믿었다.

"1992년 사무실 만들고 조금 있다가 강원도 율전교회가 나왔지요. 그런데 이것보다 먼저 설계를 시작했던 것이 사당동의 바른손인데 한참 걸려서 94년에서야 준공이 됐지요... 근데 이상하게 이즈음에 쓴 글을 봐도 도시 얘기를 계속 하고 있었어요."[2]

도시 연구는 '영역 확장'과 '영역 가로지르기'로 진행했다. "건축 안의 회로"를 맴돌 지 않기 위해서 건축 밖과 연대를 시작했다. 지역 공간을 기획하고 실천한 일은 그중의 하나였다.

협업했던 기획가 이선철은 "그는 늘 작업을 시작하면 지역 전반의 철저한 학습과 이해를 바탕으로 도시나 마을이 가지고 있는 유무형의 자원을 파악하고 상상력을 기반으로 탄탄한 스토리를 전개해 나가곤 했다... 이종호는 진정 기획자가 존경하는 기획자였던 것이다"[3] 라

---

[1] 강수미, "공공연구와 건축가 : 서울 세운상가에서 발터 벤야민 미학을 강연한 맥락" (출간예정)
[2] 이종호, "하이퍼폴리스 속의 기억술", 2013.1.11, (이종우 녹취록)
[3] 이선철, "기획가로서의 이종호", 와이드 AR No. 39.

고 기억했다. 정보기술이 만들어낸 온라인의 가상공간과 현실공간이 어떻게 서로 작동하는지 실증적으로 조명한 2001년 '코뮨 유형연구'를 정보통신기업에 제출하기도 했다.
하지만 그가 가장 힘을 쏟았던 것은 한국예술종합학교로 자리를 옮긴 후 연구-학습-교육 틀에서 계속한 도시 연구다. "분석은 할 수 있으되 실천의 방법은 나는 아직 모른다"라고 털어놓았지만, 서울 밖에서 시작한 도시 연구는 외환위기 무렵 서울 안으로 들어와 본격화되었다. 2006년 용산, 2007년 지하철 2호선, 2008년 한강, 2009년 내부순환도로, 2010년 외부순환도로, 2011년 사대문안, 2012년 을지로에 이르기까지, 면에서 선으로, 선에서 면으로, 거시적 구조에서 미시적 조직까지 서울 해부는 계속되었다. 마지막으로 둥지를 틀었던 세운상가 852호는 을지로를 끝으로 다시 건축의 스케일로 회귀하는 시점이었다.
그는 왜 이렇게 먼 길을 돌아 건축으로 돌아오고자 했을까? 그가 믿었던 것처럼 건축의 외연 확장이었을까? 아니면 매너리즘을 정면으로 승부하지 않고, 선택한 우회적 경로였을까?
그는 복잡한 현상의 핵심을 뚫어 볼 수 있는 뛰어난 통찰력과 옳고 그름에 대한 판단력과 단호함을 가진 사람이었다. 30년 전 그는 나의 첫 직장 사수였고, 그 이후 객관적이고 비평적 거리에 있었던 건축가라기보다는 내 고민을 들어주는 멘토이자 조언자였다. 내가 대면한 문제를 맞닥뜨리지 않고 돌아가려고 할 때 그는 단호하게 아니라고 말해 주었던 사람이었다. 연구 주제에 확신이 없을 때 한 우물을 파라고 힘을 실어주는 우군이었다. 판단력과 단호함으로 볼 때 그는 삽을 대기 시작한 웅덩이를 돌면서 깊은 샘을 어떻게 팔 것인가를 부단히 생각했을 것이다.
이종호는 세대의 변곡점, 의제의 변곡점에 종종 서 있곤 했다. 본질적으로 함께 하기 어려운 두 세계를 잇고자 했기에 무거운 짐을 스스로 이고 살았다. 그에 대해 썼던 유일한 글에서 "이종호가 서 있는 지점은 외롭고 위태로워 보인다. '작가'와 '공공성의 실천'은 본질적으로 함께 할 수 없다."라고 나는 적었다. 11년이 지난 지금도 그 생각은 크게 변함이 없다.
외환위기와 금융위기 이후 한국 건축계는 두 가지 성격의 건축주를 쫓아가는 것이 확연해졌다. 하나는 세련된 문화의 옷으로 갈아입은 거대 기업과 그 집단안의 소수 딜레탕트들이다. 다른 하나는 지난 50년간의 관성으로 지탱하는 건설과 부동산의 큰 손들이다. 이 둘은 달라 보이지만 가까이 보면 동전의 양면과 같다. 이들에게 건축의 '공공성'과 '윤리'는 먼 나라의 이야기다. 도시의 공공성을 내걸었다는 점에서 이종호는 2세대의 막내였지만, 정보 시대의 새로운 건축을 꿈꾸었다는 점에서 3세대의 맏이였다.
분명한 것은 미완(未完)이었지만 자신의 정체성과 한국건축계의 새로운 모색을 위해 그는 건축 인생 후반부를 도시 연구에 걸었다. 건축학자 이종우는 이렇게 정확히 짚었다.
"도시에 대한 확고한 이론이나 경험에서 출발하는 것이 아닌 그의 반선험적 연구 작업은 여러 내적 모순들을 가질 수밖에 없었으며, 또한 '프로젝트에 의한 성찰'은 그 결과물에 있어서의 비전문성 피상성이라는 비판을 빈번히 마주치게 되었을 것이다… 그가 수년간의 도시 건축 연구를 중간 점검하던 과정에서 내린 진단은 여전히 유효하다"[4]
그 이전 세대들이 집착했던 전통과 한국성을 다른 궤도에서 접근하고자 했다. 건축학자 장용순은 이렇게 평가했다.
"그의 관점은 노스탈지어적이지도 않았고, 한국적이거나 전통적인 것에 집착하는 것도 아니었다. 그렇다고 유럽적인 사회나 도시, 혹은 어떤 외국의 모델을 기준으로 삼고 있지 않았다…그는 서울이라는 매우 특수한 상황이 갖는 도시의 특이성을 끊임없이 사유하면서도,

---

[4] 이종우, "건축가와 도시 계획가 사이에서", 와이드 AR No. 39.

그것을 넘어서는 어떤 것을 찾고 있었다."⁵⁾

그가 던진 화두 중에서 내 뒤통수를 친 말이 '서울 그리드'다. 일제강점기부터 시작하여 1960~70년대 서울의 공간구조와 조직을 변혁한 도시계획이 토지구획정리사업이었다. 서울 전체의 1/4을 차지하는 땅이다. 이는 거대블록, 양파껍질 모양의 용도 지역지구제, 이면도로, 소필지로 이루어진 독특한 격자구조를 형성한다. 이종호는 이를 '서울 그리드'라 명명하고 이곳에서 잠재력을 읽으려고 했다. 수많은 도시학자들이 오랜 연구를 했음에도 짚지 못한 탁월한 조어(造語)이자 서울의 핵심 유전인자다.

서울 그리드의 탐구는 2014년 2월 21일까지 계속되었다. 마지막 세미나 주제가, 미완의 아케이드 프로젝트를 남기고 스페인 국경 작은 마을에서 이 세상과 결별한 발터 벤야민이었다는 것은 우연이라고 하기에는 너무나도 비슷한 데가 있다.

그가 했던 생각과 작업은 아직 끝나지 않았다. 같은 배를 탔던 김태형과 김성우는 이렇게 적고 있다.

"여전히 사람들은 이 작업이 건축인 지 의문을 제기할 수도 있다. 그러나 우리의 목표가 건축 프로젝트를 향해 있다는 사실만은 분명하다. '도시' 안에서 '건축'을 관찰하고 기록한 셈이다. 혹자가 여전히 건축이 아니라고 생각한다면, 굳이 한계와 형식을 스스로 설정하는 건축으로 불리지 않아도 좋다.".⁶⁾

'서울 그리드'는 이제 나의 연구 주제가 되었다. 한국형 도시건축의 유전자가 거기에 있다는 가설과 믿음에서다. 서울 그리드와 한국 건축지형도가 포개질 때 그에 대한 온전한 평가는 다시 내릴 수 있을 것이다.

"진정한 비평은 한 인간의 궤적과 작품이 하나의 서사(敍事)를 이룰 때 가능한 것이다. 다시 보면 박수근미술관의 거친 벽은 박수근의 마티에르의 은유를 넘어 암울한 시대를 묵묵히 살아갔던 노인들과 아낙네들의 뒷모습을 닮았다. 박수근의 작업은 지극히 개인적인 것이었으되 그가 남긴 것은 공공적이고 집단적인 것이다. 이종호가 추구하는 실천과 윤리 역시 외롭고 위태로워 보이지만 그것은 직설이 아닌 새로운 은유의 몸짓으로 이어져야 한다."⁷⁾

건축 은유의 옷을 입은 '서울 그리드'를 이종호도 기대하고 있을 것이다.

서울시립대학교 **김성홍**

---

5) 장용순, "이종호가 우리에게 남긴 질문들", 와이드 AR No.39
6) 김태형, 김성우, "GSUA 에서의 작업, 도시를 읽고, 논하고, 실천한 삶," 와이드 AR No.39.
7) "이종호와 한국현대건축의 지형도" (Yi Jongho in a Topographic Map of Contemporary Korean Architecture), C3 Korea: 건축과환경, 0410 No.242 pp38-39.

설계연도　1990
대지위치　강원도 홍천군 율전리 1510-2
건축규모　지상1층
연면적　　175.6m²
수상　　　1992 한국건축가협회상

1990
[율전교회]
Yuljeon Church

조그마한 시골마을의 언덕에 자리잡고 있는 율전교회는 마을 언저리에서 십자가의 오브제가 쉽게 눈에 들어와 온 마을에 복음을 전파하는 듯이 조용히 내려다 보고있다. 언덕입구에 들어서면 시골마을의 어디에서나 쉽게 접할 수 있는 높은 종탑의 입구를 갖는 옛 교회의 모습이 눈에 들어오고 순례자로 명명되어진 진입로에 의해 유도된다. 주출입구는 진입방향의 반대편에 놓여 전이적 성격의 홀로 인지되도록 의도되었고 조형적으로는 직방체의 예배공간에 성가대, 제단, 전실이 부가되는 형태로 예배공간의 상부에 목재트러스가 올려져 있다. 시선보다 높은 절제된 개구부를 통하여 빛을 전달하고, 제단 앞의 커다란 창과 어두운 듯한 제단과의 대비를 모색하며, 제단 정면의 작은 창과 이곳에 놓인 십자가의 실루엣은 방문자의 시선을 끌기에 충분하다. 별도의 마감재를 사용하지 않은 교회는 단순하고 간결하지만 풍요로움으로 가득하다.

마을 전체를 내려다 볼 수 있는 산기슭에 위치한 이 작은 교회는 30년 전부터 그 자리를 지키고 있는 신도 수 50명을 갓 넘는 오래된 교회를 위한 새로운 예배당이다. 우리들의 할 일은 최소한의 예산으로 가장 필수적인 요소로서 신의 거처를 만드는 일이었고 오히려 그렇게 함으로써 우리 주위에서 쉽게 발견할 수 있는 스테레오 타입의 상징적인 교회로부터 멀어질 수 있었다.

간단한 사각형이 조심스럽게 대지에 놓이고 예배당이 이르는 경사로(순례자로)가 그것을 싸 안는다. 이 길에는 입구로의 방향을 암시하고 오대산 고지대의 풍광과 마을의 경관을 엮는 가냘픈 나무 기둥들이 늘어서 있다.

시멘트 블록과 나무 널, 그리고 8M 스팬의 '가시오'(목재 TRUSS) 등은 목재로 된 창호와 더불어 우리가 가시거리 내에서 느낄 수 있었던 '근대'의 기억을 되살린다. 홀로이 서 있는 십자가마저 없다면 형태적 재료에서 드러나는 예배처리로서의 상징은 주어져 있지 않을지 모른다. 그러나 준비된 공간과 그것의 경험장치들에 의해 설계의 과정 중에 의도된 '情操'(SOBRIETY)의 모색이 구석구석에서 발견되어지기를 기대한다.

강원도 홍천군 율전리는 해발 700M의 고지대 마을로 공기가 깨끗하고 청아한 지역이다. 80여 가구의 집들과 어우러져 있는 율전교회의 겉모습은 마을의 살림집들과 분간이 안 될 정도다. 아마도 붉은 색의 십자가가 없었다면 이 곳이 교회임을 쉽게 짐작하지 못했을 것이다. 주요 외장재로 사용된 시멘트 블록과 목재의 자연스러움이 이 곳에 사는 이들의 삶을 닮아있기 때문이다. 지역의 소규모 공동체인 마을의 교회는 형식이 강조되는 종교의 위엄성이나 권위적인 외형을 부각해서는 안된다. 교회 내부의 조성에도 동일한 원칙으로 일관한다. 시멘트 블록과 목재를 자연스럽게 배치하였고 특히 지붕을 구성하는 목재의 트러스는 친숙한 공간으로 여겨진다. 그러나 이 건물은 도시의 화려한 교회 못지 않게 종교적인 의미로 충만하다. 담장에 낸 조그만 나무 문을 밀고 들어가 교회 건물로 들어가기까지의 진입로가 대표적이다. 순례자의 길이라 칭하는 담장 안쪽으로 쭉 세워진 목재 트러스가 안내하는 이 공간은 예배당으로 들어가기 전 다시 한 번 마음을 가다듬는 건축적 장치다. 담장과 건물 안팎을 이루는 시멘트 블럭은 정교하고 솜씨있게 쌓아 올려 가난한 사람들의 정성을 느끼게 한다. 그리고 이러한 정성은 작은 규모의 농촌교회의 모범적 사례가 되기를 바란다.

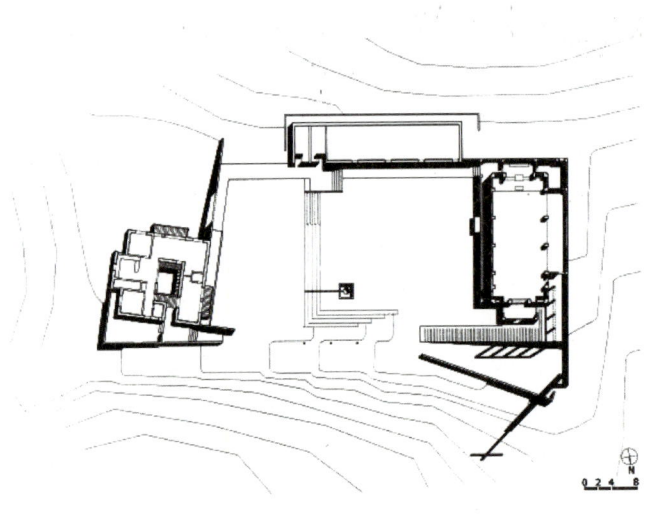

설계연도　1991
대지위치　경기도 고양시 용두리
건축규모　지하1층 / 지상1층
연면적　　198m²
수상　　　1994 한국건축문화대상

1991
[용두리주택]
Yongdoo Residence

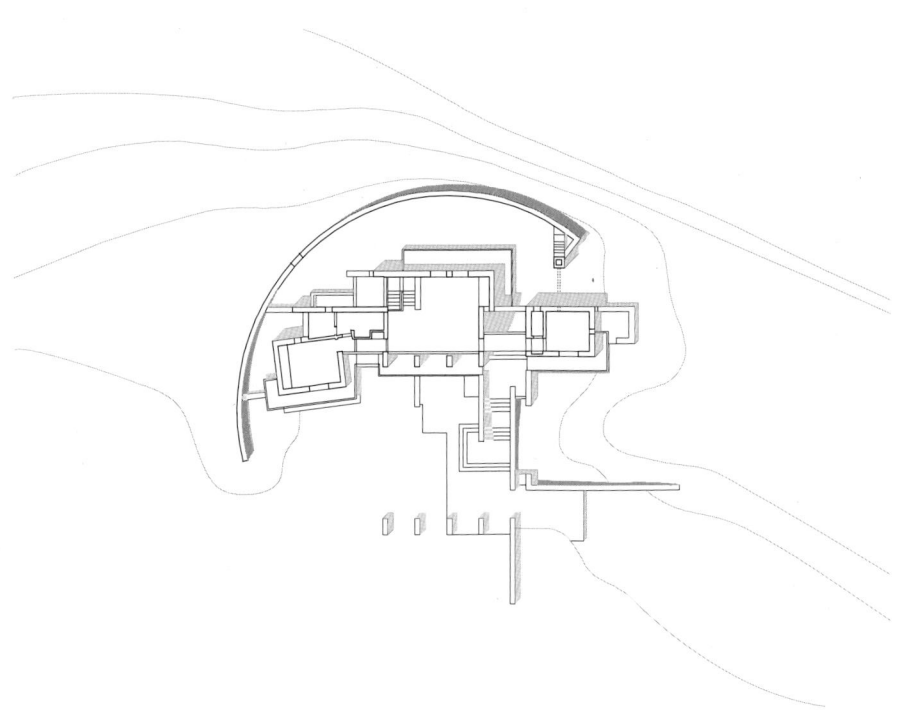

건축주와 몇 번의 여행을 함께 하였다. 강원도의 산과 바다, 이곳, 저곳을 둘러보았다. 갔던 길을 다시 또 가도 서울을 벗어나는 것만으로도 평안했다. 집과 생활에 관해 서로 얘기가 있었다. 50 너머 평생을 가져보지 못한 '내집'을 얘기했고, 군불 땐 방에서 땀나도록 자고 일어난 기분도 말했다. 아침 찬 공기 속의 밥짓는 내음과 강원도 먹거리의 소박함도 얘기했다. 서울내기가 보는 그는 영락없는 시골뜨기였다. 어느날 나는 땅도 없는 집을 그려 그에게 선물했다.

몇 개월 후 그 집은 서울 근교의 한 농장을 만나게 됐다. 1Km 남짓한 비닐하우스 사이 길을 지나 농장으로 들어선 순간, 그 곳에 보이는 경관은 충격적이었다. 짙은 초록의 벽이 나를 둘러싸 버렸다. 중경은 없었다. 그냥 평지에 펼쳐진 그 풍경은 태양의 궤적 말고는 위치를 짐작 못하게 하는 '다른세상'이었다. 두 길 높이의 뚝방이 농장의 반을 감싸돌아 나갔다. 뚝방에 올라서서 백양나무의 잎사귀들과 마주했을 때에서야 그 땅과 장소의 형국을 짐작할 수 있었다.

대지를 장소와 따로 얘기하는 이유는 집을 앉혀야 하는 위치의 한계성 때문이다. 넓은 땅을 분석하여 적합한 위치를 골라내는 대신, 보이지 않게 그려진 60평 대지 속에서 움찔거릴 뿐이었다. 북으로 뚝방을 의지하고 남으로 농장의 풍경을 바라볼 수 있음은 그나마 다행이나, 대지로의 접근이 좁은 방향성에 구애 받아야 하는 것이 생각을 제약하는 첫 번째 요소였다. 정해진 자리에 서서 대지 주위를 살피며 집과 주변 사이에 벌어질 '관계'를 떠올려 보는것이 제일 처음 그 곳에서 시작한 일이었다.

당초는 일주일에 한두번 머무르는 목적이었다. 그러던 것이 본격적인 생활의 공간으로 바뀌어 그 해석과 적응에 충돌이 일어났다. 그러나 처음에 생각을 나눈 '특별치 않은 목적의 여유로운 공간'은 계속 유지 되어야 했다. 이것은 집의 중심이며 설계자가 파악하는 거주자의 소유주이다. 아무것도 부여하지 않았으나 무엇도 못할 것 없는 공간, 그저 다리 뻗고 혼자 앉아 삶을 관조할 수 있는 공간이다. 사계절의 변화를 감지하고 바로 더 큰 자연으로 떠날 채비를 하는 공간이다.

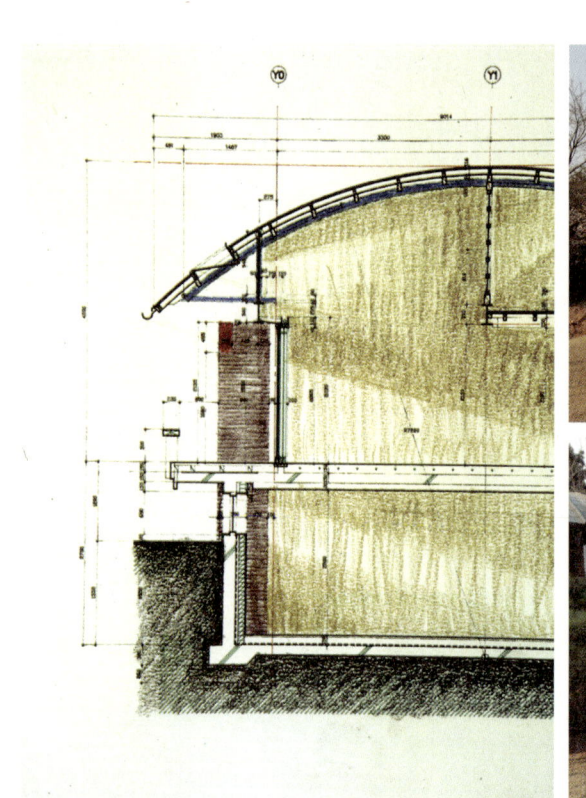

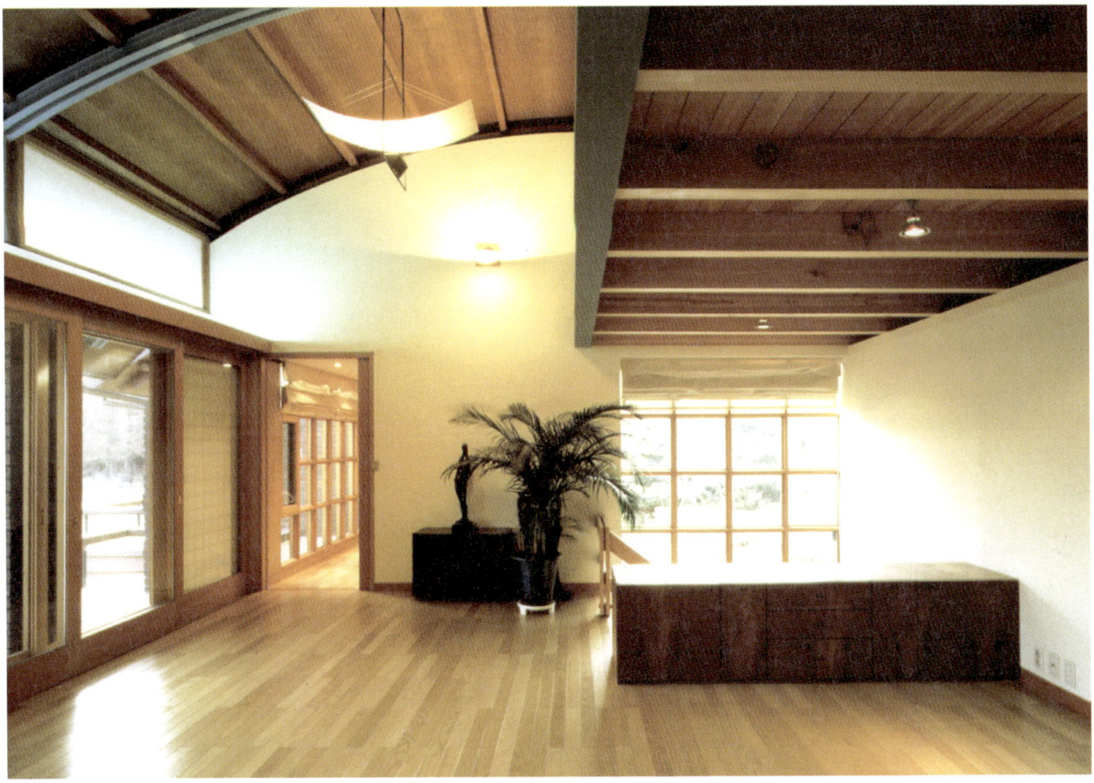

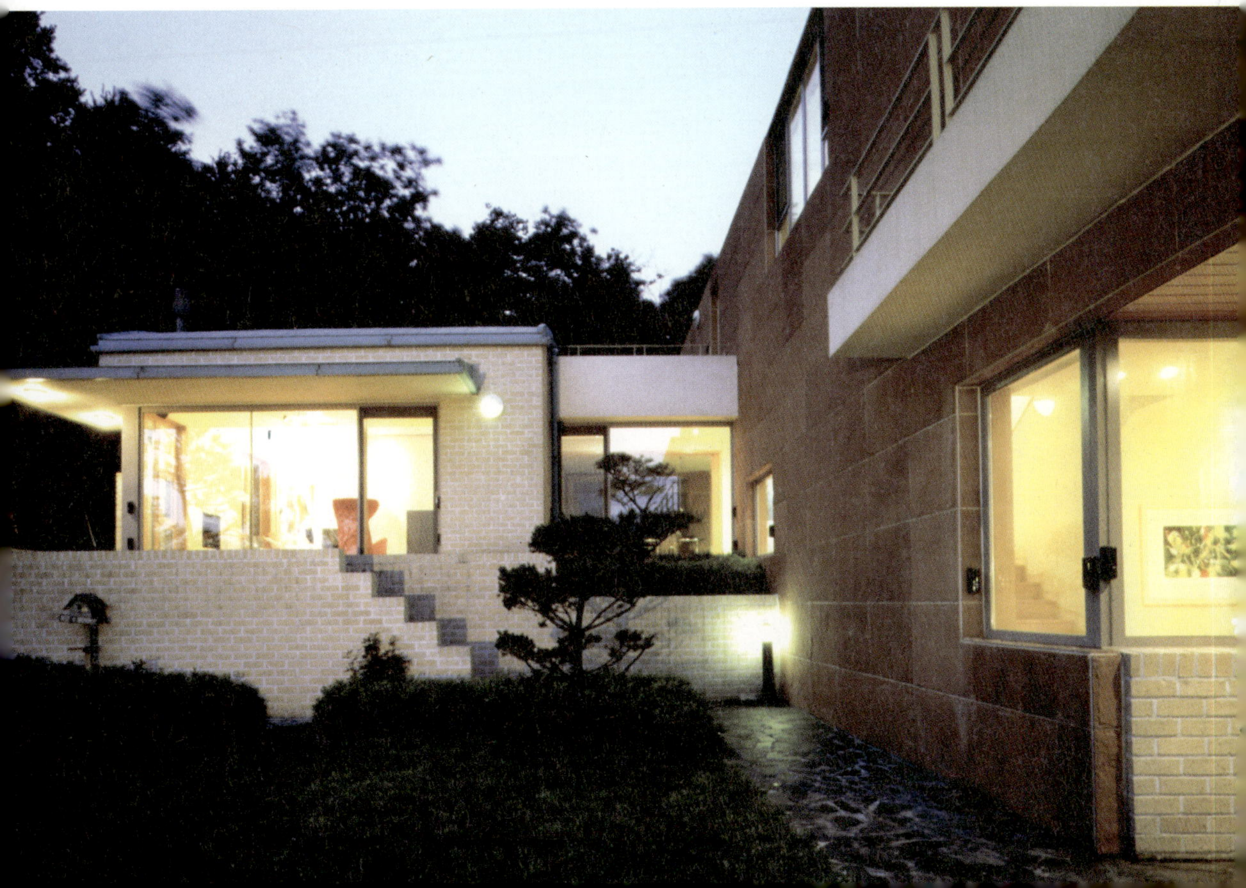

설계연도　1992
대지위치　강원도 홍천군 두촌면 철정리 437
건축규모　지상2층
연면적　　654m²
수상　　　1995 한국건축문화대상
　　　　　1995 한국건축가협회상 아천상
　　　　　2002 아름다운화장실 우수상

1992
[팜파스휴게소]
Hongcheon Rest Area, Pampas

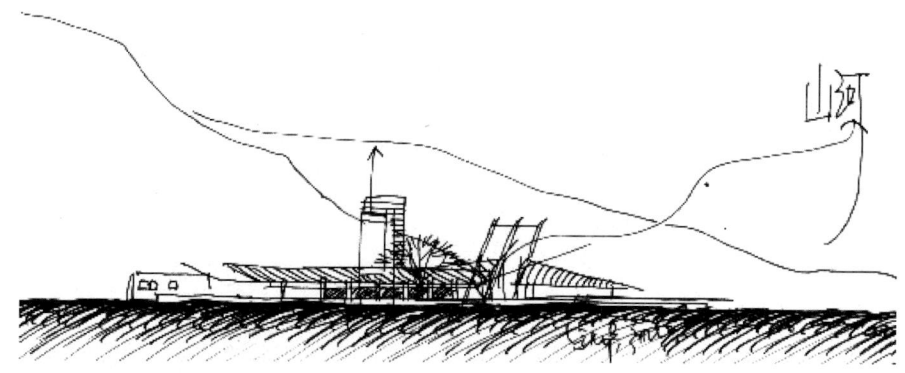

춘천을 기반으로 오랜 사회생활을 한 건축주는 도시와 조금 떨어진 이 곳에서 차량으로 이동하는 여행객과 자연과 더불어 함께하는 삶을 꿈꾼다. 사업적 접근이 아닌, 개인의 풍부한 삶을 위한 건축은 일반적인 국도변 휴게소와는 사뭇 다른 환경의 조성이 요구된다. 실제로 필요한 시설의 크기와 상충되는 작은 스케일의 구현이 그러하고 시설의 사이에 형성되는 외부공간의 스케일이 그러하다.

서울에서 설악산을 향해 가는 44번 국도변 평탄지의 한 모서리에 위치한 대지는 비교적 넓게 트인 들판과 원경의 산들, 그리고 이 대지를 정점으로 감아 흐르는 작은 하천이 삼각형 모양을 띠며 영역을 한계 짓고 있으며 휴게소가 가질 수 있는 어지간한 높이일지라도 전체 풍경 속에서는 녹아 얼어져 버릴 만큼 시선을 일순간 정지시키기 어려운 계속 평지로 이어지는 연속선상에 위치하고 있다.

시속 87km의 여행객을 어떻게 불러 세울 것인가, 그리고 그렇게 해서 멈춘 여행객에게 생리적 욕구해소를 넘어 이 산하와 어떤 관계를 만들어줄 것인가, 또한 그러한 관계는 그들의 여정 속에 어떠한 의미로 남게 될 것인가 하는 점이 중요한 과제이다.

여행객이 건물 또는 공간을 통하여 주변 자연과의 관계를 맺어나가기 위해서는 몇 개의 요소들에 의해 위요(圍繞)된 내부적 외부공간의 필요하다. 자동차의 빠른 속도감으로부터 인간의 스케일로 전환하여 도로, 주차장, 휴게소에 이르는 전형적인 공간구조 속에 건물로 한정될 수 있는 공간을 한 켜 더 집어넣는 작업이 수반된다. 그리고 대지가 가진 특성과 결부시켜 도로에 45° 방향으로 기울어진 주된 매스를 위치시키고 그에 대응하는 매점의 작은 매스를 크기의 차이에 따라 거리를 둔 채 다시 틀어서 병치하는 방식을 택한다. 또한, 스케일의 전이를 위해 여행객들은 주차장으로부터 몇 개의 계단을 올라 철도 침목이 깔린 기단을 통해 두 개의 동으로 또는 화장실로 멀리 이동하여 공간을 충분히 경험하도록 하고자 하는 계획의도를 갖는다.

배너가 달린 계단 중간의 다섯 개의 기둥과 두 개의 건물은 남쪽으로 열린 비스듬한 삼각형 모양의 동적인 외부공간을 형성하고 그 열린 남쪽방향에는 현대적 모습의 그네 3개가 역동감을 유지하기 위해 5도쯤 수직으로 기울어진 채 정적인 움직임을 상징하며 이는 함께하는 사람을 포함한 오브제의 역할을 수행한다. 도로에 평행하게 놓여있는 사무실과 숙소를 포함한 타워는 본동의 지붕 위로 가장 높게 솟아있어 전체 건물군의 정면성을 유지하면서 전체적 경관의 정점 역할을 한다.

한방향 경사의 목재트러스는 단순한 지붕 모양이지만 본동 양끝단을 치켜올린 것과 매점 동 끝단을 점차 증가시킨 것이 지붕면의 단순한 수평선을 교란하여 지붕 끝단들의 미완적인 긴장감은 내려 앉은 원경의 능선들을 내향적 외부공간으로 끌어들이고 철도침목과 잔디바닥, 시멘트 블록의 하얀 벽, 미송의 지붕자재들로 새로운 장소로의 의미를 조율한다.

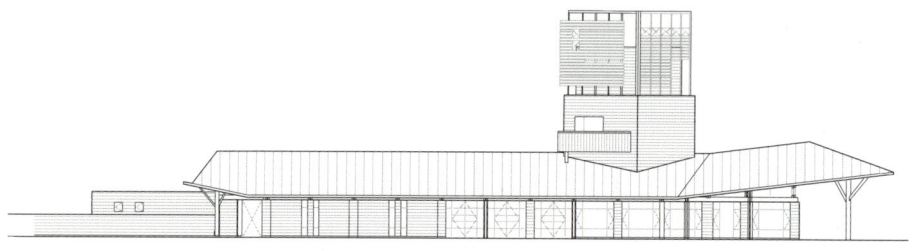

서측 입면도

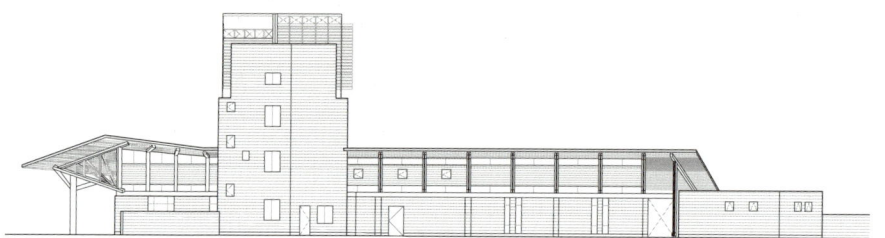

동측 입면도

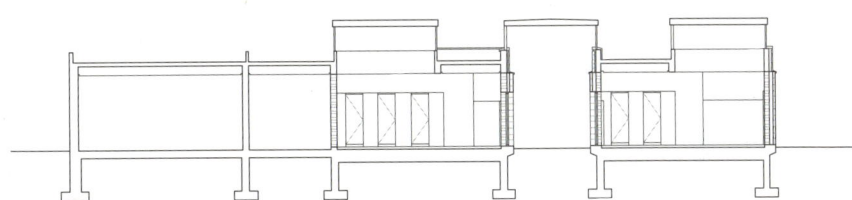

종단면도

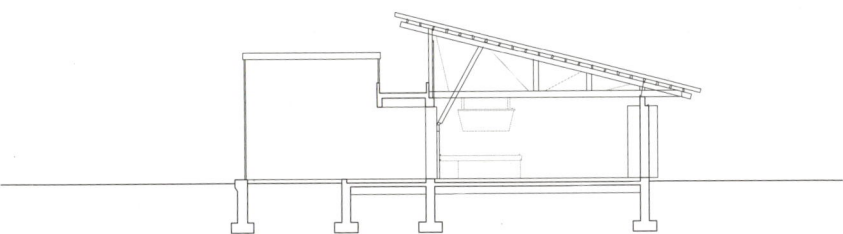

횡단면도

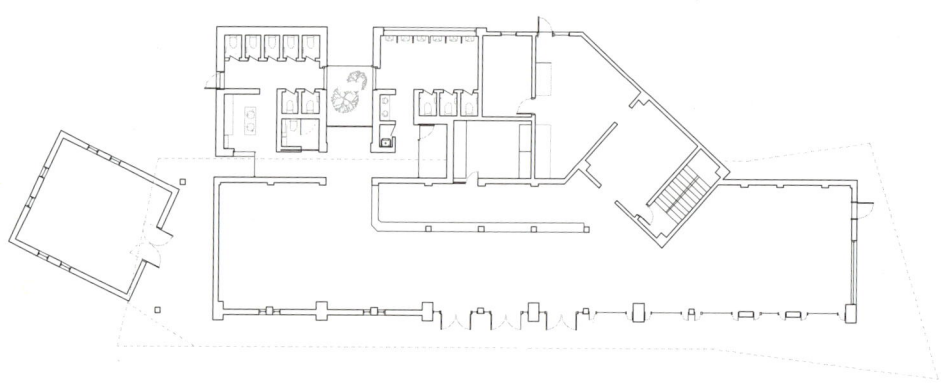

지상1층 평면도

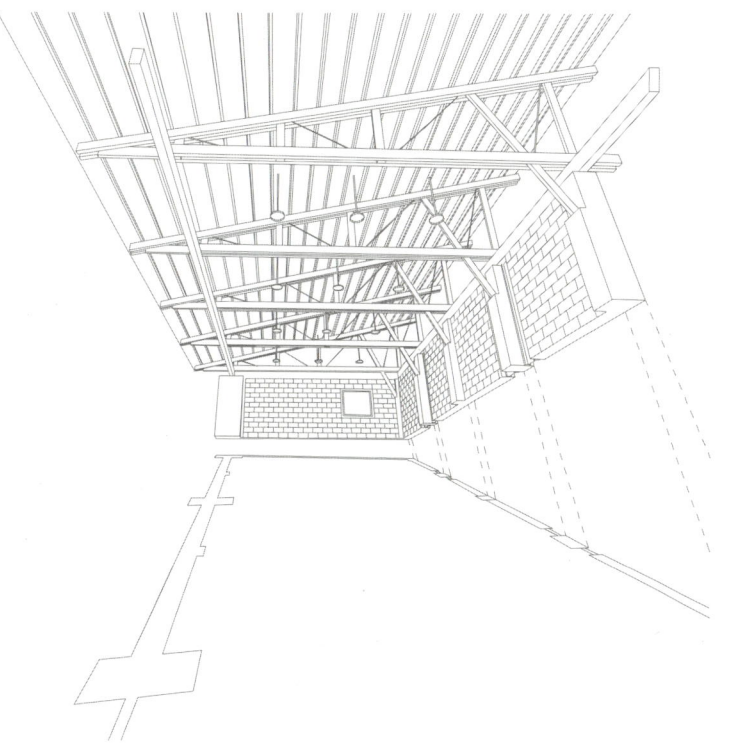

설계연도   1993
대지위치   서울특별시 서초구 방배동 764-19
건축규모   지하3층 / 지상10층
연면적   4,312.39m²
수상   1995 김수근문화상

1993
[바른손 센터]
Barunson Center

방배동에 있는 건물 사이트에서 바른손센터가 위치할 대지가 강남이라는 격자 체계 질서와 영등포라는 자연순응체계가 만나는 도시의 커다란 변곡점이라고 보았다. 도시의 커다란 변곡점을 마주한 바른손센터의 대지는 강남의 격자 질서 체계와 영등포 외각의 자연 순응 체계의 접점에 위치하고 있다. 가로측의 곡선을 응축시킨 커다란 벽과 뒤로부터 삐져나오는 격자 체계들로 구성된 전면 구성의 요소는 이러한 두 질서 체계로부터 근거하는 결합을 드러내 보이는 동시에 변곡점의 의미를 과장하는 몸짓이다. 한편으로 이 땅은 북한산으로부터 관악산으로 향하는 옛 서울 터잡기의 표상측에 슬쩍 기대어 있다. 옥상정원의 한 곳에서 프레임 안에 들어오는 관악산의 모습은 층마다 내어 달린 발코니에서도 경험할 수 있는 경관으로, 그러한 터잡기의 의미에 대응한다. 공사 중에 그렇게 애를 먹었던 지하수의 문제도 한강으로 이르는 관악산의 수맥이 말해주듯 자연 체계에 역행했던 강남의 가로 및 필지 구성에 따른 홍역이라 여긴다. 현재의 가로 공간을 구성하는 가구상들은 설계 초기로부터 지금의 변화보다도 더 큰 폭으로 변화해 나갈 것이되, 10년 넘게 유지해온 내구성 소비재 상가의 성격을 변화시키지는 않을 것이다. 그런 가운데 이 장소와 건축물은 스스로의 영역을 공공에 폭넓게 환원시킨 채로 존재하여 그들 변화의 방향에 도시와 건축이 접하는 방법에 대한 제안적, 촉매적인 역할을 하게 될 것이다. 또한 스스로도 건물 프로그램상의 변화를 준비하고 있음으로써 보다 한 걸음 먼저 주변 변화에 적극 대응해 갈 수 있는 모습을 보일 것이다.

첫째는 개념의 차원에서 지식을 공유할 수 있는 즐거움이다. 바른손센터는 건축물이 도시의 건강하고 유효한 한 부분으로서 그 존재 이유를 얻기 위한 해법으로써 '작은 도시로서의 은유'라는 개념을 보여주고 있다는 점이 흥미롭기 때문이다.

둘째는 형태 언어적인 차원의 완성도를 읽을 수 있는 즐거움이다. 바른손센터는 여러가지 '형태 요소들간의 정합성'을 전제로 하고 있다는 점에서 형태의 결구와 개념간의 관계를 꼼꼼하게 읽어볼 수 있는 즐거움이 있기 때문이다.

셋째는 정치적인 차원에서 동감하는 즐거움이다. 바른손센터는 건축가의 개념을 유지하면서도 분명 경제, 합리, 기능이라는 논리를 넘어서 정서의 논리를 공간에 담아내고 있다. 전자의 논리가 서슬퍼런 현실에도 불구하고 '정서의 논리가 가장 상업적일 수도 있다'는 정치적인 입장을 이끌어낸 건축가들의 노력이 단연 돋보이는 작품이어서 흐뭇하다. 바른손센터의 선례를 통해 이제 많은 건축주들을 설득하기가 좀 더 쉬워지지 않을까 하는 천진난만한(?) 기대감과 더불어‥‥‥‥

넷째는 건축 문화적인 차원에서의 성과에 대한 즐거움이다. 바른손센터의 공간은 엄격히 말해 건축 언어 자체의 혁신보다는 기존 작품들의 선례로부터 - 이를테면 데이비드 코퍼필드의 작품과 같은 공간 구성 - 출발하여 자신들의 언어를 잘 구축해냄으로써 서구 건축을 껍데기로 베끼는 수준으로부터 확실하게 일탈하고 있다는 점에서 이 작품의 교육적 가치가 크다고 할 수 있기 때문이다.

이상의 네가지 차원중에서 첫째, 둘째는 작품의 내재적 조건으로부터 비롯되는 것이라고 한다면 셋째, 넷째의 경우는 작품 외적인 즐거움이라 할 수 있다.

바른손센터에서 공간의 '시작'은 아주 쉽게 알아차릴 수 있다. '뚫린 곳에서부터 시작'하므로, 안과 밖은 '보고', '보이는' 관계가 생성되고 거기서부터 정위의 문제가 수반된다. 도시와 만나는 대로변 공간의 시작은 정위상으로 보아 좌/우의 경우에는 중심을, 상/하의 경우에는 하부를, 전/후의 경우는 후면을 더 많이 열어서 차이를 만들어 내고 있다. 공간의 정위 문제에서 비롯되는 차이의 원인과 결과는 어떠한가?

도시 안에서 건축 공간의 시작은 도시 공간의 끝과 접속되는 부분에서 이루어진다. 바른손센터의 경우

대지 4면 중 대로변으로부터의 시작과 나머지 3면의 주변으로부터의 시작은 서로 다른 스케일에 대한 대응이라는 점에서 차이가 있다. 전자가 도시 스케일에 대한 대응이어야 한다면 후자는 블록 스케일에 대한 대응이 된다. 따라서 좌/우의 차이는 연속되는 대로변의 대응의 과제이며, 전/후의 차이는 대로와 대지 내부와의 접속의 과제라고 할 수 있고, 상/하의 차이는 도로로부터 눈높이와 시각의 거리에 대한 대응의 과제라 할 수 있다. 스케일로 보아 좌/우, 상/하의 차이가 전/후의 차이와는 달리 보다 도시 스케일의 과제라는 점에서 위계가 있다고 보아야 한다. 그런 점에서 좌/우, 상/하의 차이에서 전/후의 차이순으로 문제를 들춰내야 옳다.

이들의 차이에서 비롯된 오픈 공간의 설득력은 다른 주변의 구성 요소와의 상관 관계에서 정합적으로 명료하게 드러난다.

1. 좌/우의 차이에서 중심 부위를 오픈한 것은 그곳이 바로 도로의 변곡점으로서 입면의 연속/불연속의 변별의 효과가 가장 큰 곳이라는 점에서 설득력을 갖는다.
2. 중심이 오픈되면서 좌/우, 전/후에는 대별하자면 3개의 소규모 매스 덩어리로 잘게 분화되어 개개의 매스는 독립성을 유지하는 윤곽을 갖게 되는데, 이는 대지를 둘러싼 나머지 세 면의 필지 규모에 따른 건물의 규모와 유사하게 대응하려는 의도와 맞물려 있다.
3. 소규모 매스들 간과 주변의 기존 매스 간의 사이 공간은 채워진 실체로서 파악된 것이며, 그 윤곽은 분명 디자인된 것임이 설명된다. 4입면이 모두 다른 것도 이와 무관하지 않다.
4. 이로써 대지에 매스를 앉히면서 좌/우, 전/후로 커다랗게 3켜로 썰어낸 이유(9분할 평면)가 설명이 된다. 그 결과 3켜 중 좌/우의 켜는 서비스켜의 성격을 유지하고, 중심은 우측의 서비스 받는 공간켜를 연계, 접속하는 성격을 유지한다. 켜는 각 층 평면 구성에서 공간의 성격 분화와 위계를 조정하는 기능을 하며, 이를 명료하게 하기 위해 주구조(primary structure)가 배열되어 있음을 알 수 있다.
5. 대로변 입면이 매스의 한 부분으로서 종속된 면의 결과로 나타나지 않고 매스로부터 독립된 곡면들의 결합으로 나타난 것은 전/후의 스케일에 다른 방식으로 대응하고자 했던 것이지 유행하는 형태의 유희라고 볼 수 없다. 전면(도로 스케일)에서는 면으로서 대응해야 하고 후면(블록 스케일)으로 보아서는 소규모 볼륨으로 결합되어야 하는 모순을 극복하기 위해 선택된 형태 언어라는 것이다.
6. 전면 파사드의 H빔과 남측면의 발코니가 첨가된 것은 단순히 장식적인 요소이거나 가능상의 이유에서라기보다는 소규모 매스가 도로 스케일에서 한몸으로 읽혀져야 하는 이유로 설명될 수 있는 것도 결국 중심 부위의 오픈 공간의 정위 문제로부터 연유되고 있음을 알 수 있다.
7. 도로변 3층 바닥 슬래브의 전면 켜를 프레임으로 노출시킨 것도 상/하의 미세한 뉴앙스 차이를 표현한 의도로 읽혀진다.

바른손 센터의 개방공간의 짜임새

1. 지상 1층에서 중심 부위의 크기가 좌/우 켜보다 상대적으로 큰 것은 전/후/좌/우/상/하의 정위의 근거로 작용하기 위한 자기완결적 요건이라고 볼 수 있다. 이를테면 중심 후면에 위치하는 지하층 부분의 인지도 확보는 바로 전체 정위의 관건 여부를 결정짓는 핵심이 되기 때문이다.
2. 요컨대 오픈 공간의 가장 중요한 '쓸모'는 가장 '쓸모없음'의 명료함 - 온몸으로 마개가 되어있는 구멍을 상상하라 - 에서 얻어졌다. 즉, 단순한 용도를 지니는 공간으로서보다는 전체의 인지도를 높이는 베이스 맵과 같은 의도에서 찾을 수 있다 단면상으로도 오픈공간이 그 크기나 윤곽으로 보아 가장 예외적이어야 하는 이유가 거기에 있다. 평면적으로 오픈 공간은 대로에 수직으로 접합된 길로서 가장 공적 영역의 성격을 명료하게 지니게 된다.

3. 오픈 공간은 각 부위별로 주변의 형태 요소와 미세한 대응의 변화를 보여준다. 그 대표적인 예 중의 하나가 2층 중앙에 45도로 틀어진 녹슨 벽의 위치와 크기와 방향의 선택에 의한 긴장된 짜임새의 문제라 할 수 있다. 오픈 공간을 주로 전/후 방향이 우월하게 했으면서도 후면이 보이지 않도록 벽으로 닫은 것은, 궁극적으로 후면 필지에 위치한 두 개의 매스가 시각적 조건으로 보아 이러한 벽이 없을 경우, 옥외 공간이 강하게 갖고 있는 방향성의 종점에 놓일 만한 가치를 전혀 지니지 못하고 있다는 사실의 인식에 기인하고 있음을 이해할 수 있다.

그 결과로 후면에 위치한 선큰 플라자의 공간 윤곽이 수직 방향으로 그 초점을 바꾸고자 하는 의도와 맞물려 있으며, 바로 우측의 주차 타워의 수직적 볼륨의 윤곽과 상호 모순되지 않는 짜임새의 결과를 보여주고 있는 것으로 설명이 된다. 틀어진 벽의 방향은 좌/우, 전/후 켜 사이를 잇는 동선을 4방향이 각기 다른 공/사 성격의 뉘앙스 차이에 부합하도록 조절된 것으로 설명할 수 있다.

이 벽의 존재가 없었거나 제대로 디자인되지 않았다면 (바른손센터)는 단순히 공간 영역을 많이 확보하였다는 평가를 받는 수준에 머물고 말았을 만큼 없어서는 안될 중요한 형태 요소임이 분명하다. 이렇게 미세한 변화에 의한 전체 분의 짜임새를 동시에 얻지 못했다면 확보한 오픈 공간은 낭비일 뿐이라는 비난을 면하기 어려웠을 것이다. 이 벽이야말로 오픈 공간을 온몸으로 매개가 되어 있는 만큼 자기완결적인 모습을 띄게 했던 결정적인 요소라 할 수 있을 것이다. 이 작품이 서구 건축의 외형상 베끼는 수준에서 완전히 벗어나 있다고 보는 근거 중의 하나가 바로 이 형태 요소의 처리에 있다.

효용론적 층위 : 시작/끝의 경험문제

1. 짜임새에서 설득력을 갖춘, 오픈 공간의 시작은 1층 레벨에서 좌/우 켜의 인지도를 보다 극명하게 하기 위하여 2층으로 향(수직 상향)하는 좌측의 동선과 지하 1층으로 향하는 우측의 동선을 분리하면서 지상 1층에서 오픈 공간의 주된 방향(수평 하향)이 지하 공간으로 향하도록 계단의 폭이 상대적으로 우월하다. 좌/우측 동선의 차이는 곧 공공 성격의 뉘앙스 차이를 수반한다.
2. 2층의 45도 비켜선 녹슨 벽면은 지하 1층에서도 연속되지만 하부가 절단되어 있는데, 이는 수평 하향의 깊이감을 해치지 않으려는 의도로 읽혀진다.
3. 1층 주차 타워와 좌측 서비스 타워 사이를 연결하는 다리가 가로지르는데, 이는 단순한 기능상의 연계뿐만 아니라 지하층으로 공간의 깊이를 창조하게 함으로써 지하로 향하는 방향의 관성을 강화하는 데 크게 이바지하는 것으로 설명이 된다.
4. 동선 요소로서의 다리의 위치는 또한 지하 공간으로의 관성을 강화해 주면서도 1층의 눈높이나 시각 거리상으로 보아 후면에 대한 정보를 완전히 노출하지 않는다는 사실때문에 후면 공간에 대한 호기심을 자극하는 요인으로 작용한다.
5. 다리 하부에 나타나는 계단은 오픈 공간의 전/후 방향과 평행으로 최대로 멀어졌다가 지하 3층의 오픈 플라자의 중심 방향으로 되돌아오는 형식으로 마무리된다. 이렇게 오픈 플라자에 '끝'까지 다다르는

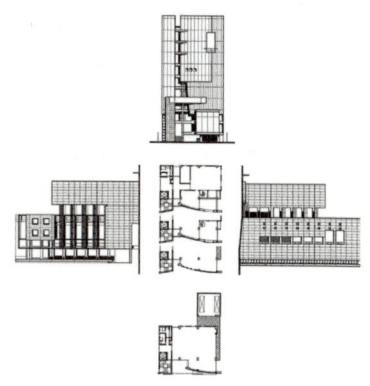

방식의 선택은 그 공간의 윤곽에서 보이는 수직성을 경험할 수 있다는 점에서 매우 정합적인 선택임에 분명하다. 사옥 상부의 본체와 주차 타워 사이의 간극이 다시 중하게 감지되는 것도 바로 이 때문이다.

6. 이들 계단의 결합은 동선이 길다는 사실을 간과만큼 시작과 끝을 끊임없이 암시하고 보상해주며 오픈 플라자를 정의해 주는 주변의 형태 요소를 동선 경험의 주요 대상이 되도록 그 위치와 방향이 조절되어있다. 동선의 상호 결합과 조절은 자기 완결의 회로로서 다양한 공간의 시작과 끝을 힘할 수 있는 가능성과 그에 상응할 만큼 공간 읽기의 즐거움을 부여해 준다.

7. 공간 경험의 끝은 또한 시작이다. 오픈 플라자에서 지상으로 되돌아 나가는 경험을 축적인 장치들이 상호 조절되어 있음은 물론이다. 여기서는 자세히 기술하는 것을 생략하기로 하고 독자의 몫으로 돌리는 것도 무방할 듯하다.

8. 한가지, 아쉬운 것은 다리에서 커피숍에 이르는 계단은 기능과의 타협의 결과로 보여 오히려 긴 공간 여정의 끝에 다다르는 경험의 기회와 즐거움의 강도를 상대적으로 희석시키고 있다는 점이다. 오픈 플라자쪽으로 매어 다는 것 보다는 45도 기울어진 녹슨 벽면의 배후와 지하 1층 공간을 경험하는 방식으로 디자인되었으면 어떠했까 싶다. 실제로 녹슨 벽면의 전면은 오픈 스페이스에서 독립된 오브제로 기능하고 있는 반면에 후면은 2층 팬시 상점(현재는 접견실)의 한 벽면을 막고 있는 정도로 소홀히 다루어지고 있는 점에서 그러하다.

공간을 읽는 즐거움이란 공간이 자기 존재의 정위성을 근거로 하여 (존재론적 층위) 자기 완결의 회로로서 (형태론적 층위) 스스로의 '끝'을 확인하는 과정(효용론적 층위)에 매설되어 있는 '의문의 덫'을 들추어 내어 원인과 결과의 상호 정합성을 발견해 내는 가운데 있다.

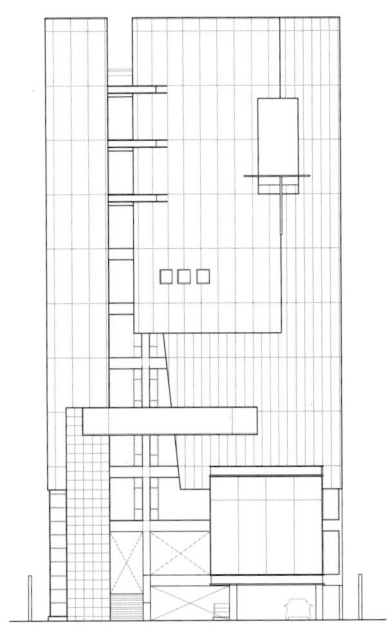

정면도

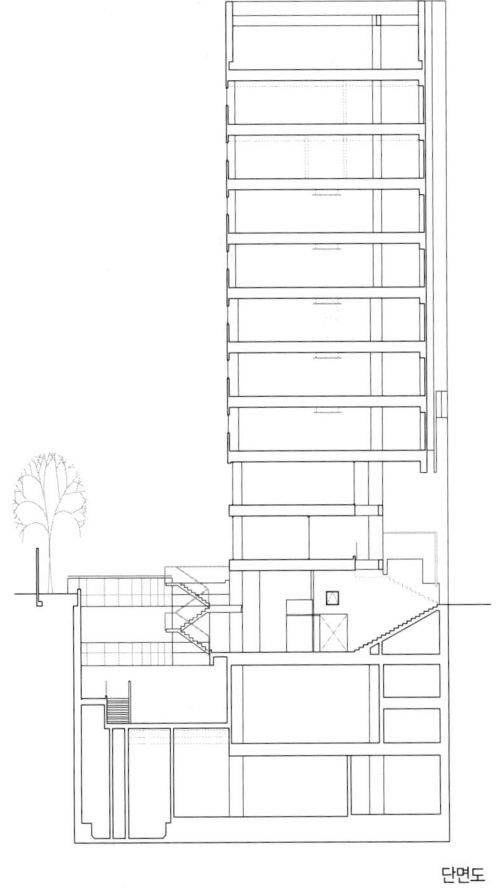

단면도

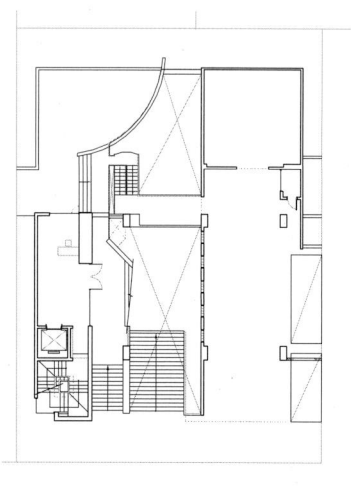

지상1층 평면도

지상2층 평면도

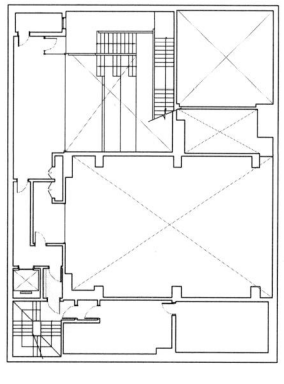

지하중2층 평면도

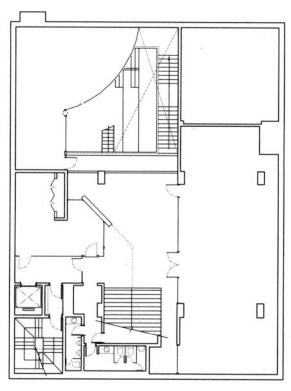

지하1층 평면도

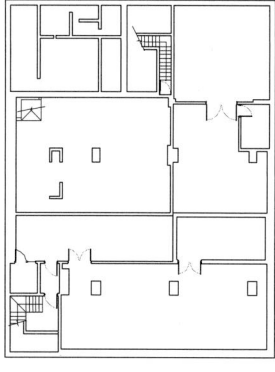

지하3층 평면도

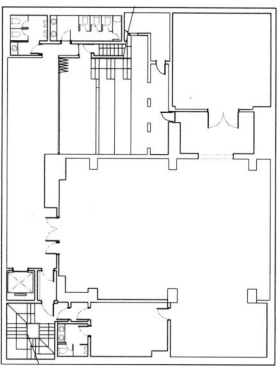

지하2층 평면도

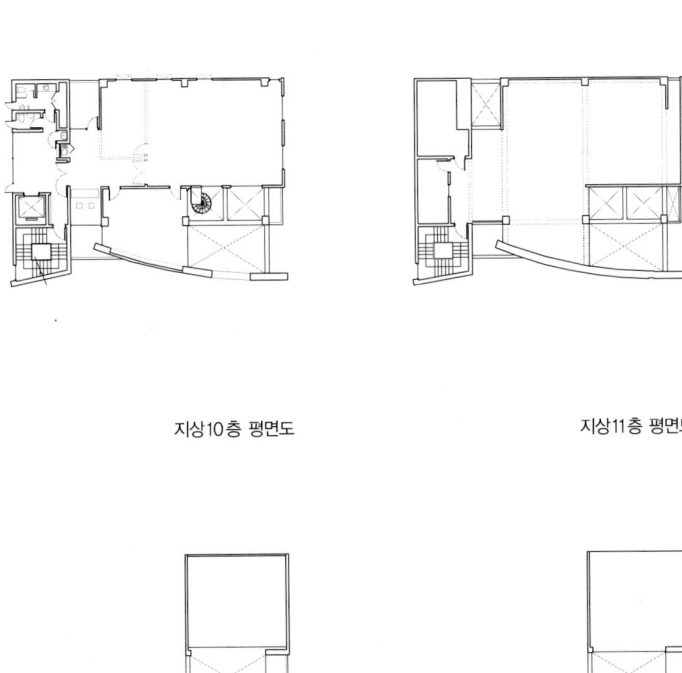

지상9층 평면도   지상10층 평면도   지상11층 평면도

지상5층 평면도   지상7층 평면도

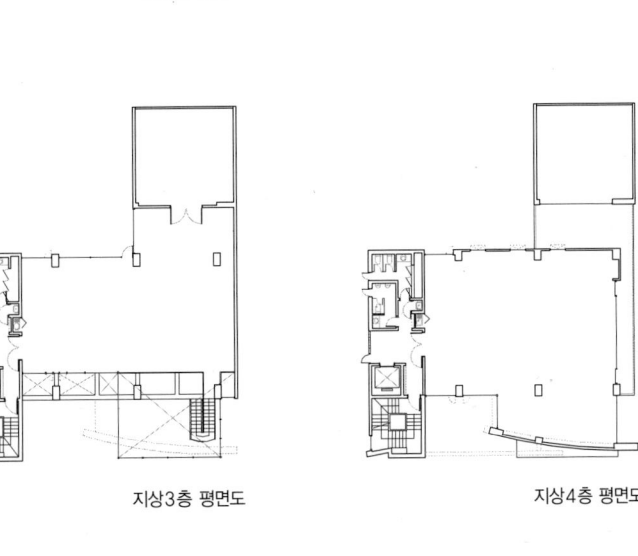

지상3층 평면도   지상4층 평면도

설계연도　1993
대지위치　서울특별시 종로구 신문로2가 2-1
건축규모　지상2층
연면적　　2,441.55m²

1993
[서울 정도600년 기념관]
Seoul 600-year-old Memorial Hall

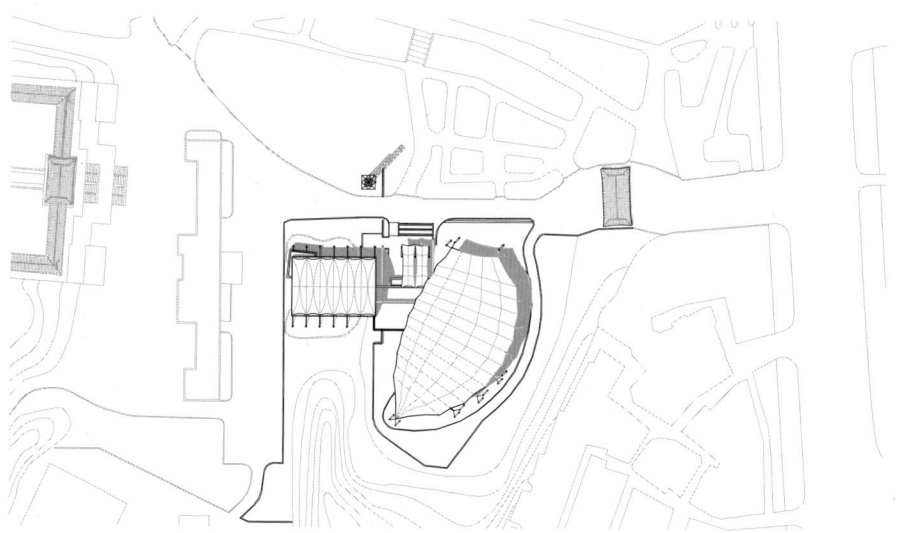

1994년은 서울 정도 600년을 기념하는 해이다. 이에 서울시는 경희궁 옛터에 존치기간이 영구적이지 않은 한시적 목적의 기념전시관을 기획하였다. 이러한 상황에서 주변을 포함한 큰 그림을 제안하였고 이를 받아들인 서울시의 의뢰로 시설의 계획을 착수하게 된다.

1617년 건축을 시작한 경희궁은 조선시대의 궁궐로 서울의 매우 중요한 장소이고 이러한 역사적 위치에 건축을 한다는 것은 누구에게나 어려운 작업인 듯하다. 전통 건축을 검토해 보면 고려해야 하는 많은 요소들이 있다. 배치와 진입 그리고 축과 향과 재료의 적용 등 어느 하나 쉽게 정할 수 없는 요소들이다. 많은 연구와 고민 끝에 갖게 된 원칙은 경희궁 내에서 전통과 어우러지는 방식은 비슷한 언어와 구성으로 닮기 위한 노력을 하는 것이 아니라 전혀 다른 모습으로 서로가 섞이는 모습을 만드는 것이라는 논리이다. 오래된 시설과 새로운 시설이 서로의 당해 시기를 대표하고 각자의 언어로 소통하는 방식이 건강한 공존이라 판단한다.

진입의 축은 명확하게 규정하지만 건물의 형태는 자유로운 선과 다방향성의 역동적인 새로움으로 구성하고자 하였다. 평면에서는 방향성이 쉽게 읽혀지지 않는 곡선의 조합으로 전시공간을 조성하였고 이는 입면에서도 동일하게 적용하였다. 강구조의 자유로운 틀과 막구조의 인장력을 이용한 긴장이 주는 다이나믹한 이미지는 상부 구조 높이의 변화와 함께 공간을 풍부하게 만들어 준다.

서울 정도600년 기념관은 전시시설이다. 가장 큰 고민은 밝고 경쾌하게 만들고 싶은 외부의 이미지와 전시기능에 따르는 내부공간 조도의 상충에 있었다. 최근 들어 전시의 방식은 디지털 미디어를 적극적으로 사용하게 되고 이에 따라 전시공간은 점차 자연채광의 의존도가 줄어들게 되고 경우에 따라서는 자연광이 저해요소로 작용하기도 한다. 채광을 위한 창을 많이 내기는 어려웠지만 지붕의 막구조만큼은 순백색을 적용하고자 하였으나 전시를 준비하는 분들과의 의견 차이로 어정쩡한 타협을 하게되었다. 그 외의 철골구조물과 외벽은 전체를 백색으로 구성하여 외형은 독특하지만 그리 눈길을 끌지 않는 배경으로 존재하기를 의도하였다.

1994년 정도600년 기념전시는 전시의 특성으로 짙은 색상의 막구조를 사용하였으나 전시가 종료된 후 많은 이의 의견으로 지붕의 막구조는 다행스럽게 백색으로 교체되었고 2003년 7월 서울시립미술관 경희궁 분관으로 재개관하여 현재에 이르고 있고 넓은 뜰과 사적지가 어우러진 공간 속에서 많은 미술단체들의 다양한 전시가 열리고 있다.

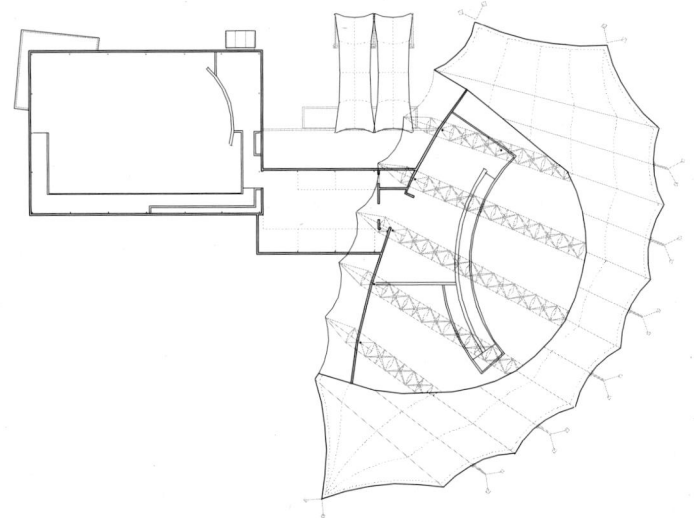

지상2층평면도

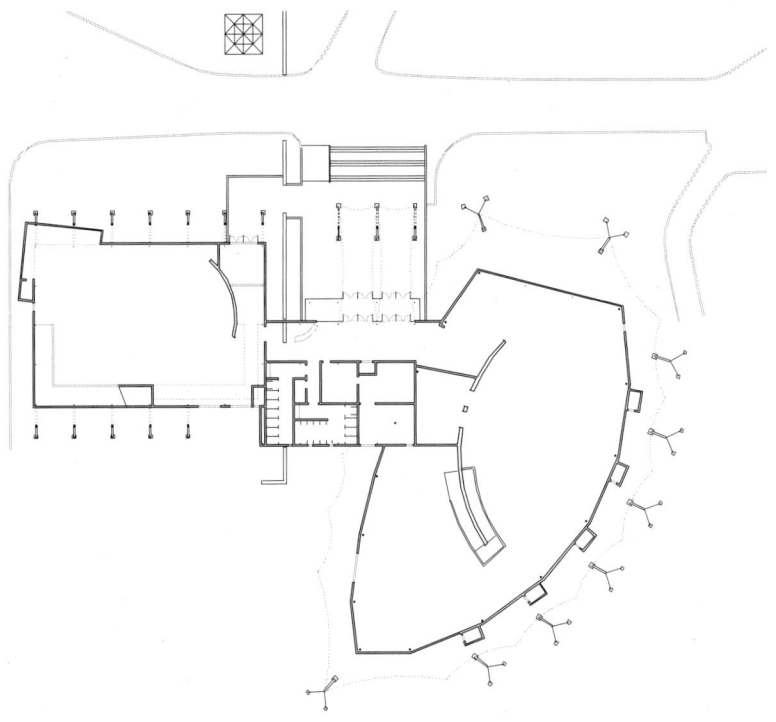

지상1층평면도

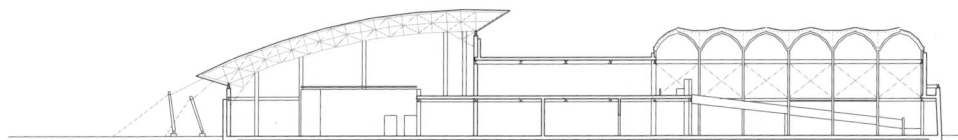

단면도

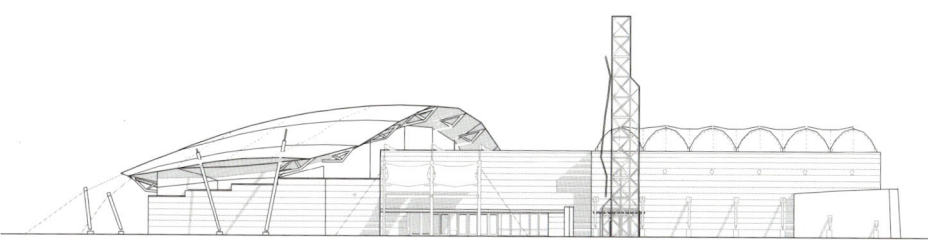

입면도

설계연도   1994
대지위치   서울특별시 종로구 혜화동 163-25
건축규모   지하1층 / 지상2층
연면적   568m²

1994
[메타사옥]
Studio Metaa HQ

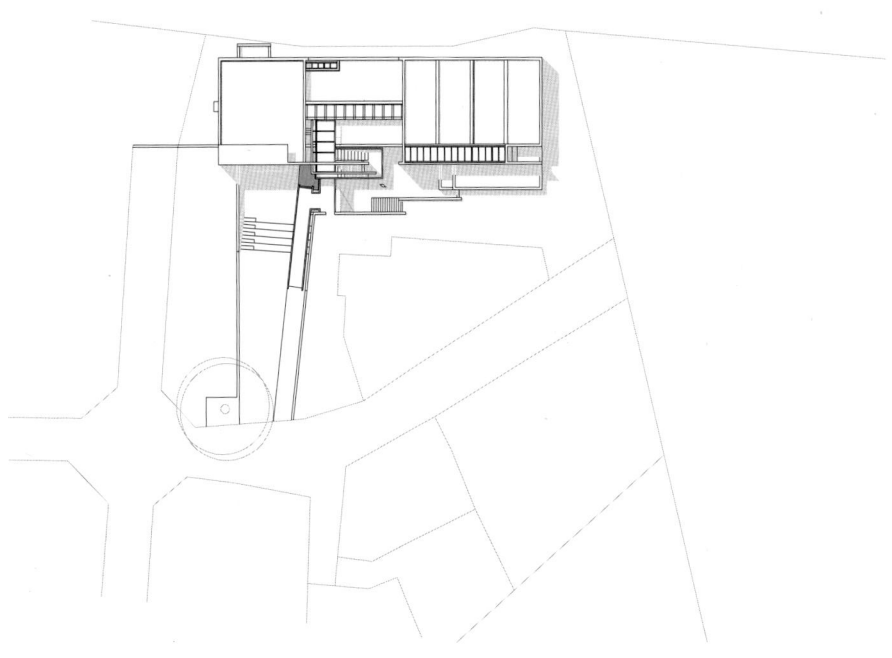

지금 나는 동숭동 한 귀퉁이에 어떤 장소를 스스로 마련하고 그곳에서 작업을 해나가고 있다. 5년전 이 땅의 활용에 대한 제의를 받고 현장을 처음 나와 보았을 때 한번도 들어와 보지 못한 깊숙한 막다른 골목 끝에 땅은 자리하고 있었다. 동숭동의 번잡함으로부터는 골목의 꺾임과 깊이만큼 어느 정도 격리되어 있었으며 서울의 60년대 분위기를 그대로 가지고 있는 동네였다. 동숭동 지역에서의 이 골목과 동네가 가질 수 있는 성격을 머리 속에 떠오르면서도 아직 나의 공간을 스스로 마련하기에는 한참이나 모자란 능력을 생각하면, 실행으로 옮기기에 많은 망설임이 우선 앞섰음은 당연한 일이었다. 제의받은 땅을 둘러보고 막다른 골목길을 다시 내려오면서 나는 이 작은 동네가 동숭동이라는 지역에서 담당해야 할 역할에 대해 건물 하나를 짓는 일 보다는 좀 더 큰 범위의 공상을 품기 시작하였다. 이미 다 알고 있는 이 지역의 초기 형성과정에 관한 이야기는 미루어두고 현재의 동숭동을 바라본다면 우선 이 지역은 그 영역에 있어서 비교적 명확한 경계를 사방에 가지고 있음을 알 수 있다. 그런데 이 명확한 경계라는 것은 어떤 의미에서는 역기능으로 작용되기가 더 쉬워서 그 경계가 느슨하여 지역의 변화와 확산 또는 수축이 비교적 자유로운 경우와 달리 문화의 변모에 대응하는 지역으로서의 자연스러운 진화와 지속적인 역동성을 확보하는 데에는 근본적 어려움을 만들어내고 있음을 또한 알 수 있다. 북쪽의 동성고등학교, 남쪽의 병송통신대학, 서쪽의 서울의대 및 부속병원, 그리고 동쪽에는 원래부터 있었던 문리대의 옛 담 경계와 낙산자락의 밀집된 주거 군들이 바로 그 명확한 경계들을 만들어내고 있다. 이러한 견고한 경계들은 이 지역을 공간적으로 너무 한정시켜 버리고 진화와 역동성에 따라 발생하게 되는 지역적 변이의 가능성을 막아 버림은 물론 오히려 바람직하지 않은 상업적인 가치만을 불필요하게 상승시켜 버리고 말았다. 그럼으로써 소위 문화적인 소비를 유혹하기는 하지만 소비될 문화를 생산해 내기 위한 시스템은 작동되기 어려운 지역이 되어 버린 것이다. 그렇기 때문에 이 지역을 둘러보게 되면 그리도 많은 소비의 장소들이 막연한 문화적 포장만을 휘감은 채 끊임없이 부침하고 있을 뿐 막상 앞서 있어 주어야 할 문화의 생산자들은 그것들의 틈바구니에, 또는 음습한 지하실에 겨우 비집고 들어가 있는 모습을 보이고 있을 뿐인 것이다.

설계의 이전 작업으로, 시설을 함께 사용하면서 문화적인 생산자의 역할을 담당하게 될 당사자들이 먼저 설정되었다. 건축을 하는 메타의 설계집단, 김덕수의 사물놀이패, 그리고 문화기획가 강준혁을 중심으로 하는 또다른 메타, 이렇게 세 부류의 집단들이었다. 그들 사이의 관계와 그들이 필요로 하는 공간, 그리고 그들이 한 장소를 같이 공유하면서 만들어 갈 장소의 상격이란 것은 각자의 성격이 뚜렷한 만큼 건축적인 결정 또한 명확할 수 밖에 없는 것이었다. 진지한 고민을 더욱 필요로 하는 것은 과연 이 깊숙이 자리잡은 시설의 성격이 이 동네가 앞으로 점차 변화해 나갈 때 이 시설과 시설이 이룬 장소가 그 변화에 어떻게 좋은 의미의 영향을 미칠 수 있을 것인가에 관한 과제였다. 제일 먼저 우선 이 동네와의 의사소통을 위해서는 이 작은 필지의 영역을 동네 전체의 공공영역으로 최대한 내어 줄 수 있는 길을 모색해보았다. 그렇게 내어준 영역에는 한 그루의 정자 목을 심어서 그 나무의 그늘과 더불어 그 영역이 옛날 동구의 한 마당처럼 동네 전체를 묶어 낼 수 있는 공공영역으로 남아, 그곳을 중심으로 무언가 함께 나눌 수 있는 일이 있지도 않겠냐 하는 메시지를 이제 앞으로 이 동네에 관련을 맺게 될 알지도 못하는 그들에게 전달하고 싶었다. 이러한 몸짓들을 드러내면서 건물은 마당과 동네에 대해 계속 어떤 대화의 신호를 내보내고 있는 것이며 이 동네와 함께 형성해 나가기를 원하는 동숭동 지역과 관련지은 이 동네가 가졌으면 하는 어떤 성격에 대한 희망을 내비치고 있는 것이다. 이와 같은 관심과 모색은 이 지역에 몇 년째 자리잡고 작업을 해오면서 가질 수 있는 즐거운 생각들이며 이 건물을 찾아오는 많은 사람들, 그리고 이 동네에 살고있는 여러 거주자들과의 즐거운 대화를 이어가게 만들고 있다.

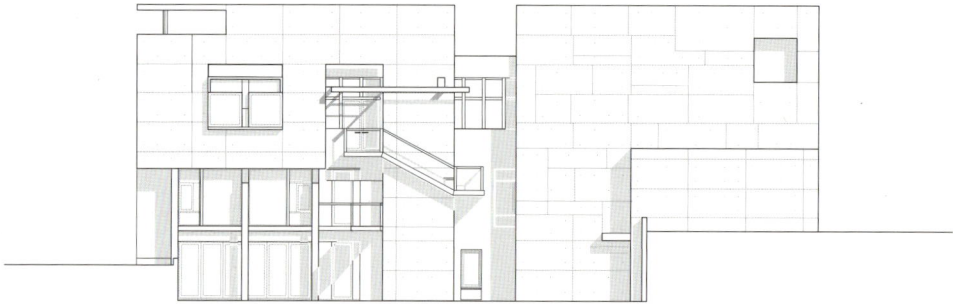

입면도

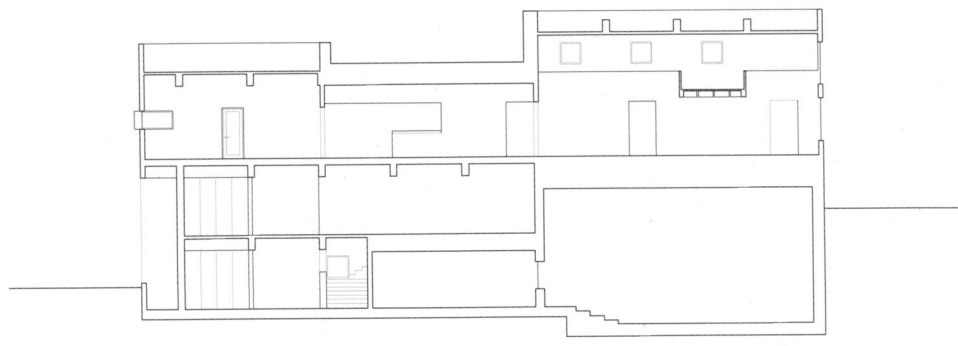

단면도

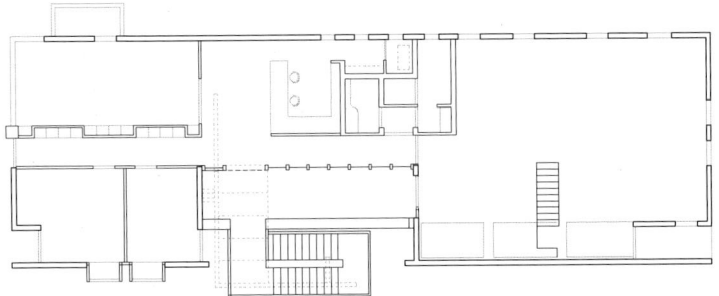

지상2층 평면도

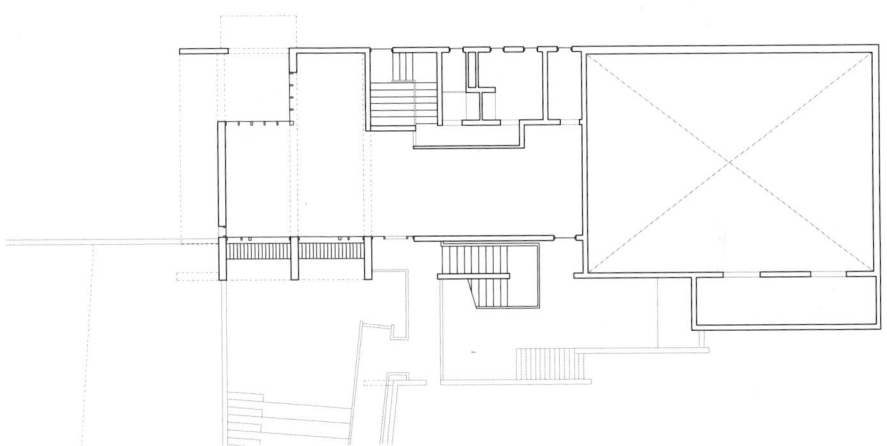

지상1층 평면도

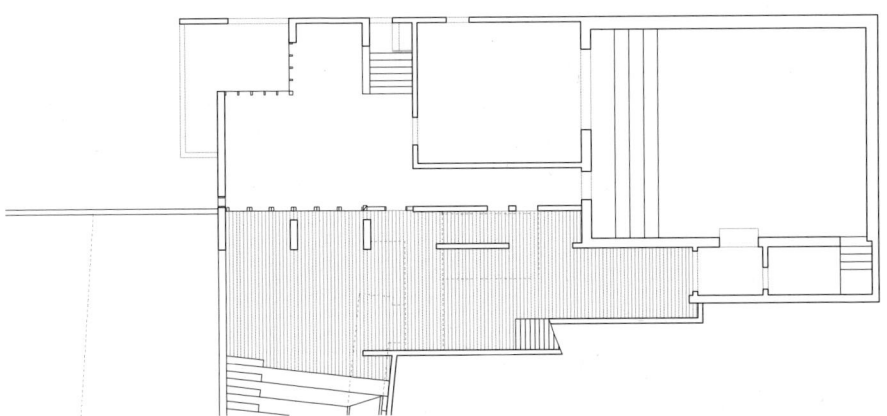

지하1층 평면도

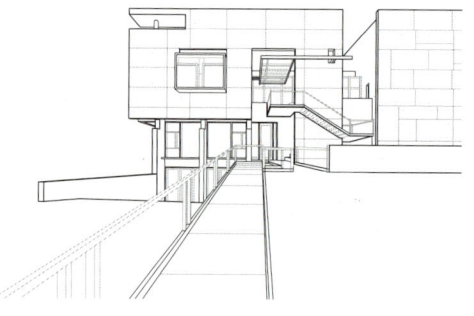
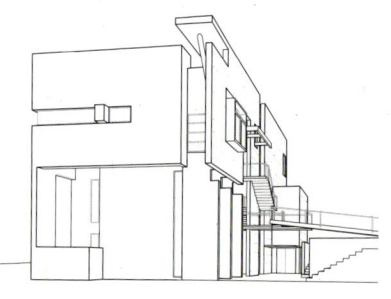
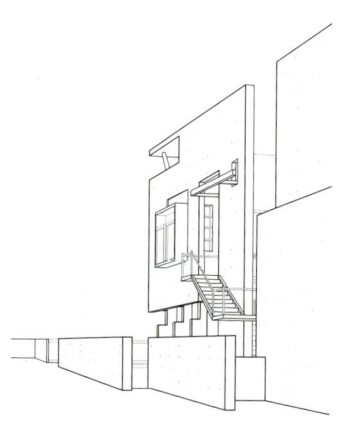
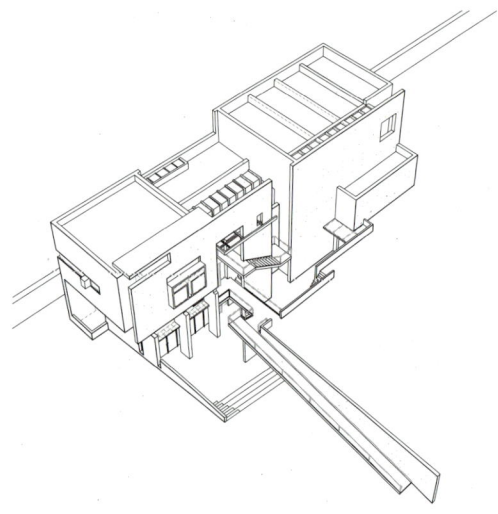

설계연도   1995
대지위치   경기도 성남시 금토동
건축규모   지하1층 / 지상2층
연면적   285m²

1995
[M주택]
Geumto Residence

젊은 시절 뛰어난 사업수완으로 경제적으로 성공을 거둔 한 사람이 있다. 성공을 위해 정신없이 덜려온 그에게 가족은 늘 그를 기다려주는 고마운 존재였다. 어느 날 불의의 사고로 한 아이를 잃은 그는 가족의 소중함을 다시 한번 깨우치게 되고 그들을 위한 집을 짓기로 결심한다. 사회생활을 이유로 도시에서 멀리 떨어질 수 없었던 그는 비교적 가까우면서 호젓한 장소를 발견하고 터를 잡게 된다. 그의 요구는 단순했다. 세명의 단출한 가족의 공동성이 가득한 공간이다. 그의 요구에서는 집안에서 그를 위한 공간은 겨우 몸을 뉘일 수 있는 작은 침실이면 충분하다는 것이고 거실과 식당 그리고 아이를 위한 공간은 동선과 함께하는 공공공간이기를 희망하였다. 그 외 집의 디자인과 재료와 공법의 문제는 건축가인 내게 전적으로 일임하였다.

대지는 경사지의 일부로 진입도로와는 한층 정도의 높이 차를 갖고 있다. 축대를 쌓아 평활한 마당을 형성하고 집은 마당의 레벨에 위치하는 것으로 결정하여 개인주택으로서의 사적 공간을 조성하기로 한다. 프로그램은 단순하다. 지하층은 도로와 같은 레벨로 주차장과 창고가 설치되고 마당의 레벨인 1층에는 거실과 식당이 계획되며 2층에는 아이를 위한 공간과 주인침실이 위치한다. 손님맞이의 부푼 꿈을 가진 건축주를 위하여 지하주차장에서 연결되는 계단을 따라 올라오면 너른 마당을 조망하며 잠시 숨을 돌릴 수 있는 필로티 하부의 휴게공간을 경험한다. 이 공간은 집의 출입을 위한 대기공간이자 비를 피할 수 있는 마당의 일부이기도 하다. 이 집은 파사드가 따로 없다. 도로에서는 2층 침실의 일부가 도시를 향해 소통하고 있고 필로티 하부 진입의 특성으로 건물을 향한 시선의 범위는 제한적이며 마당의 끝자락에서만 전체의 조망이 가능하다.

이 집의 가장 중요한 공간인 거실은 독립성을 강조하기 위하여 별동으로 계획하고 마당을 향한 넓은 발코니를 갖고 있어 거실-발코니-마당의 연결된 큰 공간임을 강조한다. 그리고 식당과 연계하는 뒷마당과 2층의 발코니 그리고 침실의 발코니 등은 공간을 더욱 풍부하게 하고 도심에서 자연을 즐기는 방식을 제안한다. 건축의 주재료는 유지와 관리에 용이한 외단열시스템을 적용하며 마당에서 관측되는 주요 벽면에는 주택에서 잘 사용하지 않는 사암(sand stone)을 적용하여 독특한 외관을 부여한다. 분리된 두 매스는 일방향의 경사진 곡선을 형성하며 내부에서의 천정 높이를 변화하여 위치에 따른 공간감이 서로 다르게 느껴지도록 유도한다.

가족을 사랑하는 가장의 마음이 건축을 통하여 전달되기를 바라는 마음으로 작업에 임하였고 이를 통하여 그의 가정에 행복이 늘 함께하는 데에 조금이나마 도움이 되기를 기원한다.

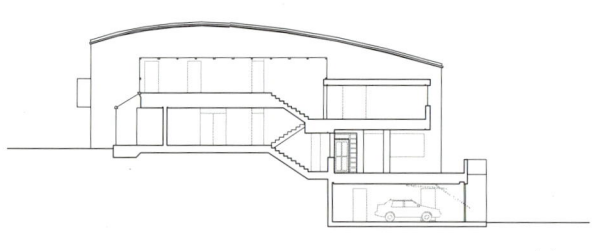

단면도-1

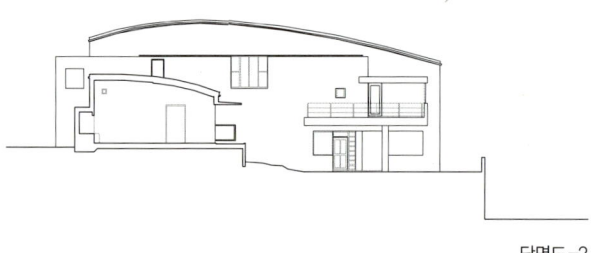

단면도-2

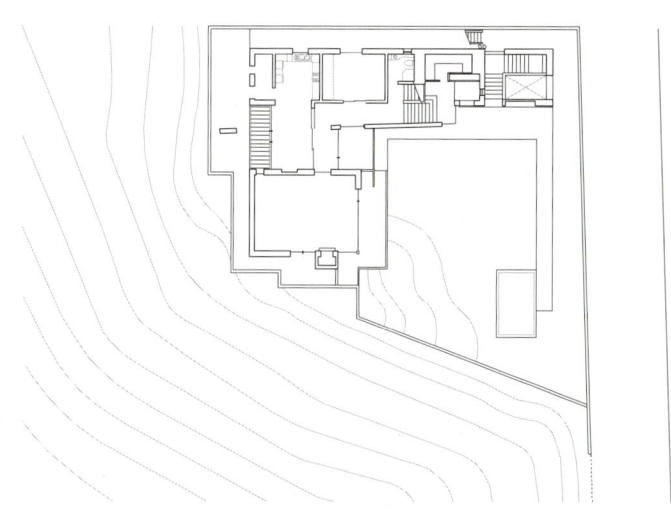
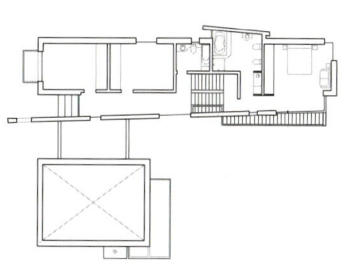

지상1층평면도　　　　　　　지상2층평면도

설계연도　1996
대지위치　경기도 가평군 설악면 위곡리 128-1
건축규모　지하1층 / 지상2층
연면적　　219.64m²

1996
[위곡리주택]
Wigok Residence

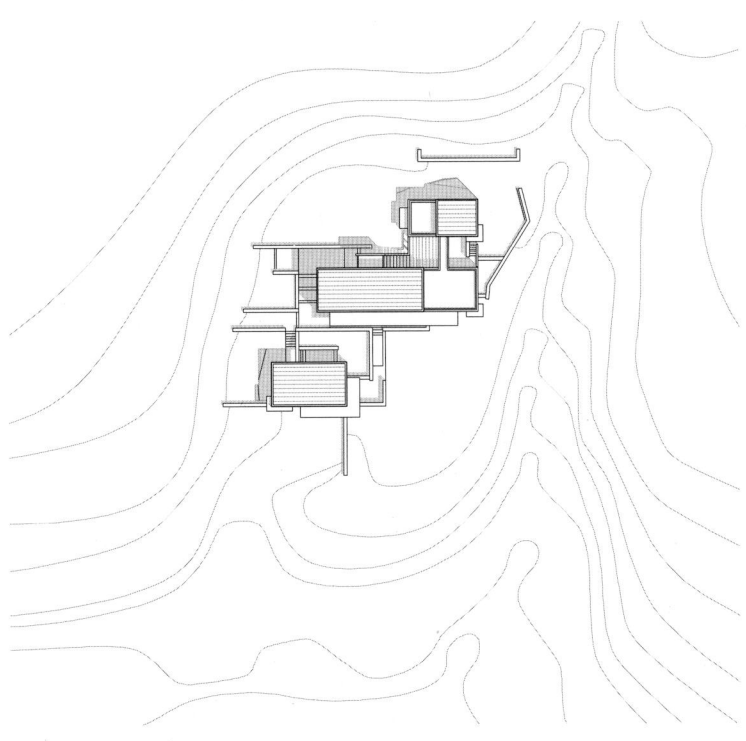

행정학을 전공으로 하는 학자가 있다. 전공을 중심으로 사회의 흐름들을 살피면서 지성인으로서의 길을 걷고 있다. 유교적 사대부의 達德인 智, 仁, 勇 가운데 어느 곳으로도 치우치지 않으려는 품세를 유지하려 애쓴다. 의식이 그러한 것이 아니라 근본이 그러하다. 고등학교 시절 이래로 20년이 넘도록 그런 모습을 보아왔고 배워 왔다. 한 목사님을 중심으로 많은 활동과 생각, 그리고 놀이도 함께 해왔다. 심지어는「이상촌」의 꿈도 함께 꾸어온 무리들 중의 관계이기도 했다.

상계동의 집 한 채를 겨우 가지고 있던 그가 어느 날 탈도시를 꿈꾸었다. 배경으로 보면 그 목사님의 충동이었고, 또다른 목사님의 배려(이미 그 지역에 자리잡은)였다. 그들 네 가족이 이루어내는 생활을 누구보다 이해하고 있는 건축가에게는 생활을 담는 그릇으로써의 건축은 그리 어려운 과제가 아니었다. 연구를 병행하는 장소로써의 배려, 갑자기 시골 분교의 생활을 맞는 아이들과 집을 지키는 안주인 사이의 생활, 그럼에도 독립적인 영역을 가져야만 하는 사진가로서의 안주인, 수많은 사람들과의 교류를 위한 적정 영역, 문제의 발단은 그보다 한발 앞서 나가는 (나간다고 생각하는) 건축가의 태도였다.

장악산맥의 산줄기를 끼고 멀리 유명산을 내다보는 터에서 이미 대지와 삶을 함께 엮어보려는 과도한 꿈을 꾸었다. 그리고 이 가족을 보다 자연과 조우시켜 그것이 그들의 생활을 고양시키는데 촉매로 기여할 수 있으리라 믿었다. 가족의 연대와 필요한 만큼의 독립, 두가지 모두 소중했기에 영역들은 분리되었고 적절히 결합되었다. 실내화된 마디이기도 했고, 공기를 쐬고 걸어나가는 외부 통로이기도 했다. 감성으로 체화된 온갖 건축요소를 지형에 대입시켜 나갔다. 둔덕을 돌아서 접근하기.건물 밑을 통과하여 올라서기. 들어서면서 다시 외부로 열리는 시야. 최후의 지점인 부부의 생활공간에서 근접한 산으로의 전망. 그리고 다시 본동으로 브리지를 넘어가 경험하는 산들. 서편, 북편으로 가까운 언덕으로부터의 흐름이 멀리서 관찰되는 집의 모습을 결정짓게 되었다. 이 모습은 지금도 지극히 반성적으로 뇌리와 손놀림에 작용한다.

한정된 예산을 시멘트 블록이란, 익숙한 구법으로 극복하려 했다. 하지만 거친 일손과 겨울공사가 결국에는 표면 재도장을 초래했고 바랐던 야성적인 질감은 고금 통속적인 범주로 주저앉게 만들었다.

교환교수로 집을 비운 1년 사이, 설계자는 흔히 몇 번의 밤을 지내본다. 이 산하에서 집이 앉혀지는 방법들은 다시금 생각케 했다. 얼마전 경험했던 뉴멕시코의 그 자연과 파올로 솔레리가 만든 아르코 산티라는 구조물의 맞닥뜨림과의 비교. 이 땅에서는 그러한 인가의지와 자연의 당당한 대립이거나 반대로 흔히 생각하기 쉬운 자연의 동화, 그 어느 것도 아닌 어떤 지점을 규명해야 할 필요를 느낀다. 처연함? 또는 느슨한 경계들. 조금 더 사고가 명확해질 필요가 있다.

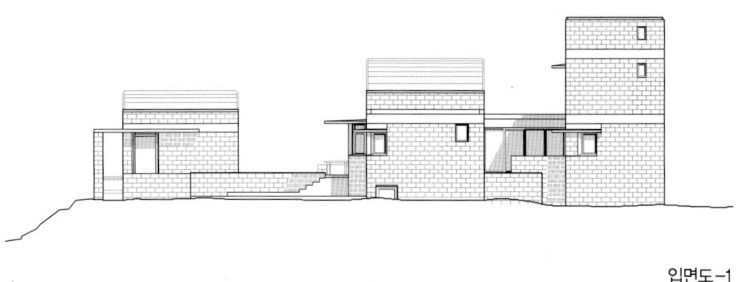

입면도-1

입면도-2

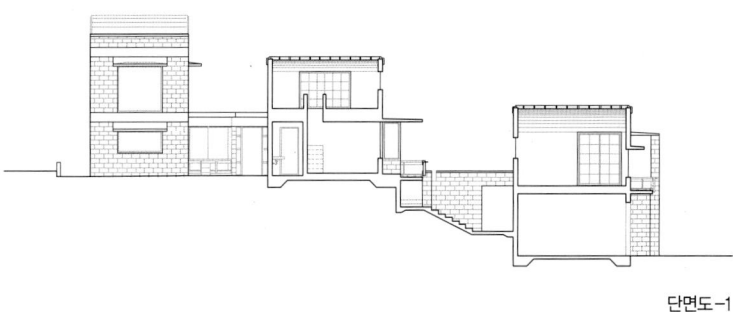

단면도-1

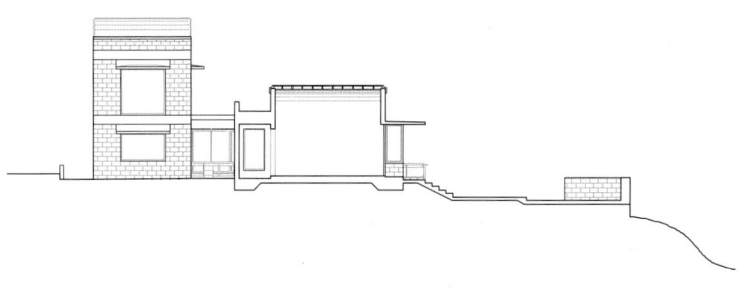

단면도-2

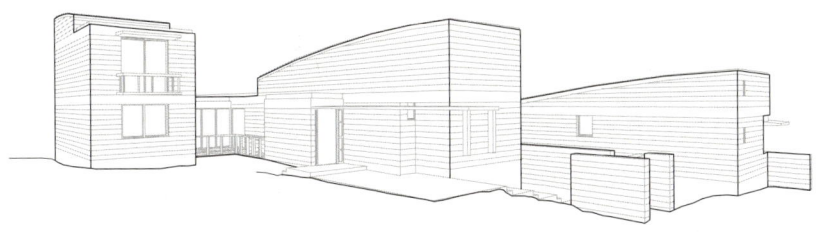

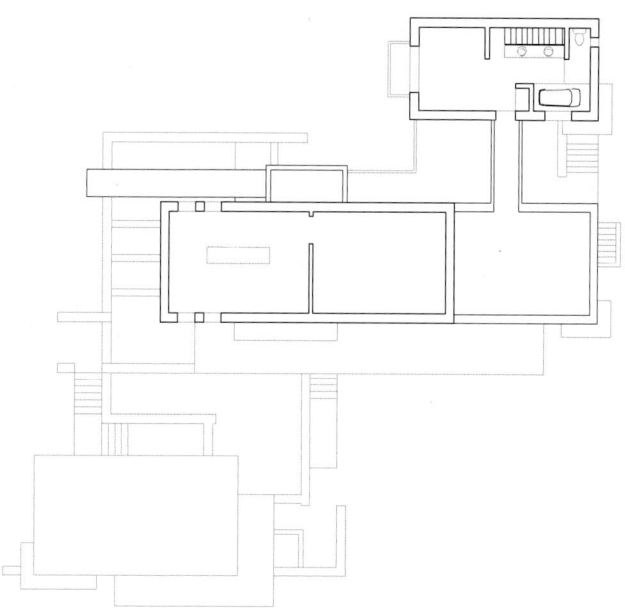

지상2층평면도

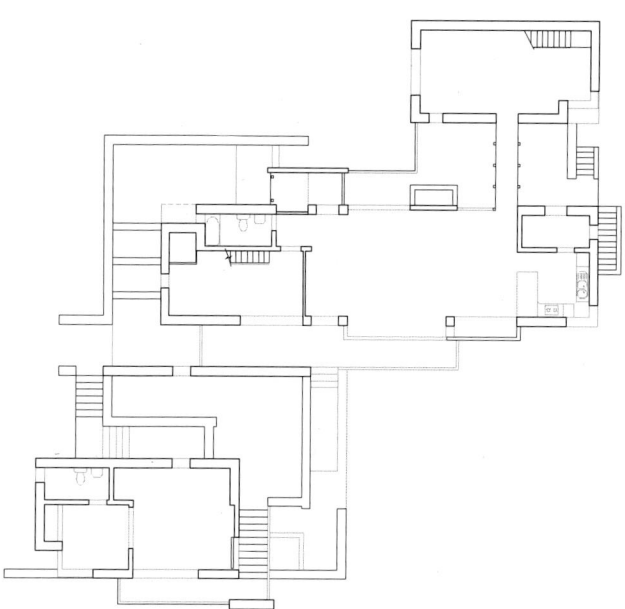

지상1층평면도

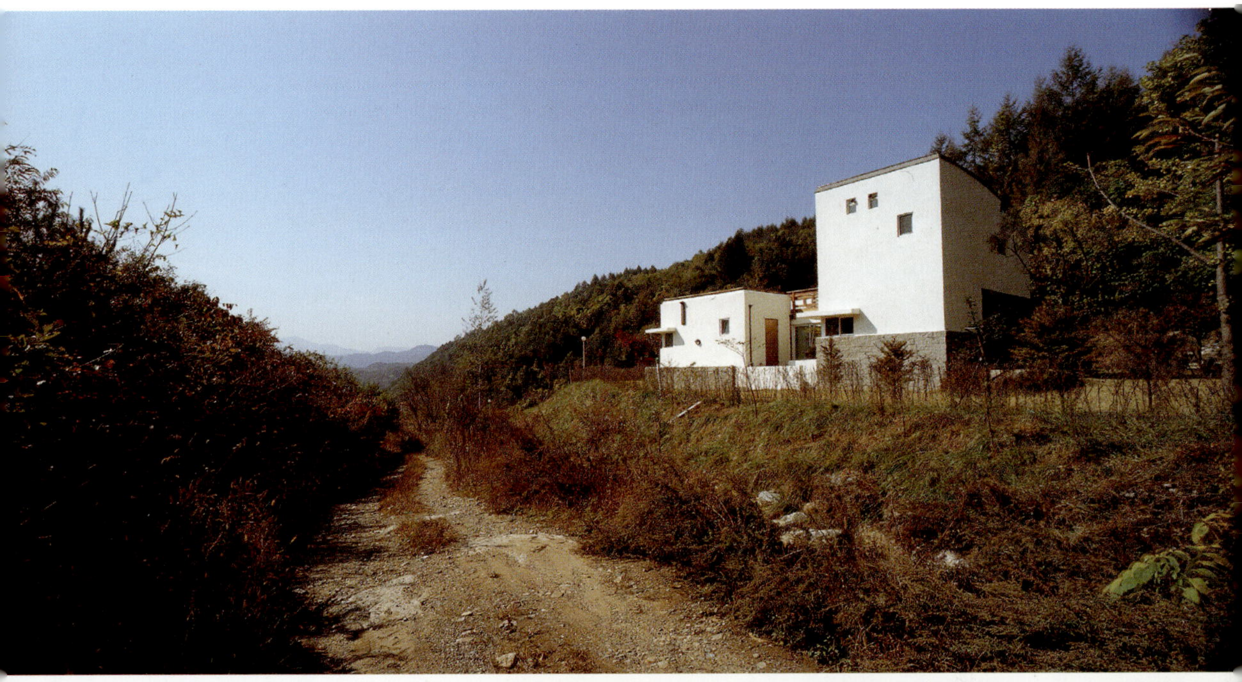

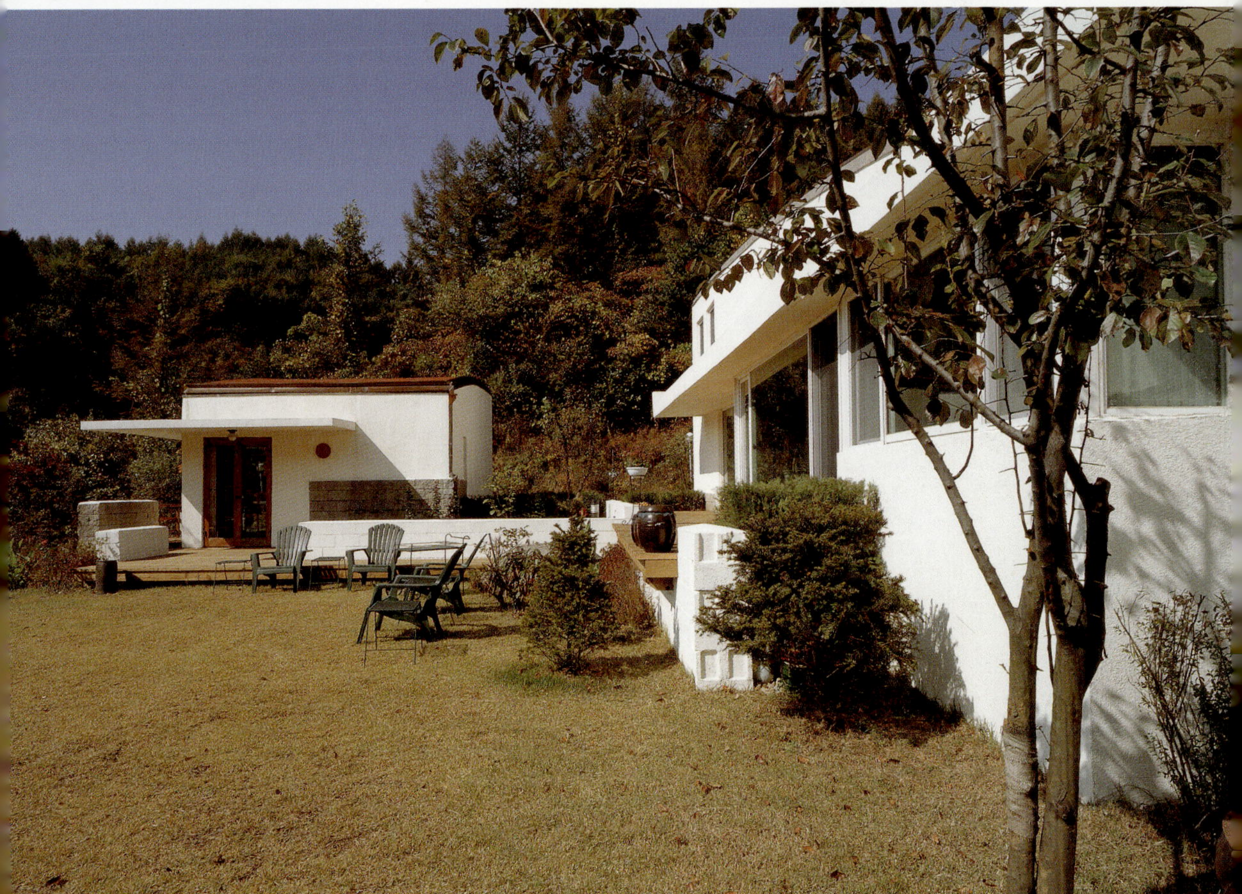

설계연도　1997
대지위치　경기도 용인시 남동 554-58 명지대학교
건축규모　지하1층 / 지상4층
연면적　　1,148.88m²
수상　　　2000 한국건축가협회상

1997
[명지대학교 방목기념관]
Myongji University Bangmok Memorial Hall

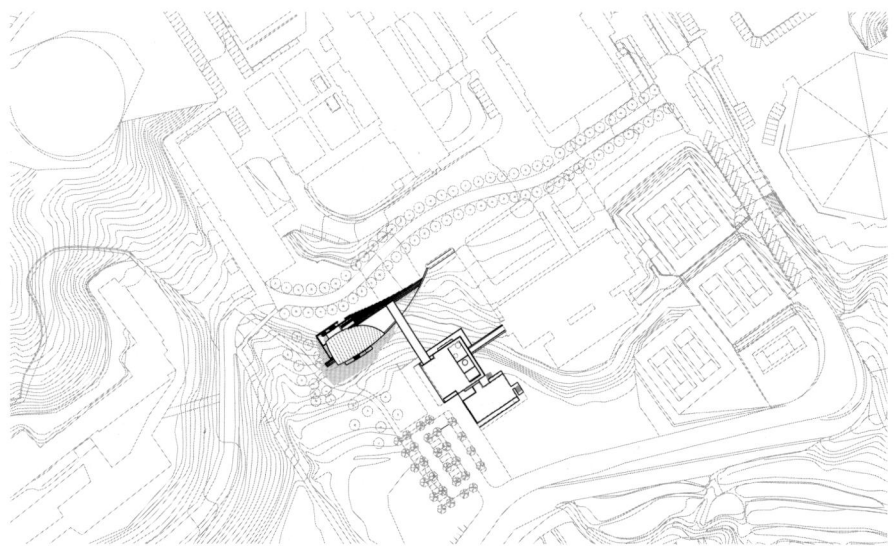

명지대학교 프로젝트는 1995년 7월, 장래가 유망한 신진 건축가를 대상으로 펼친 지명현상설계로 시작되었다. 당시 설계경기의 프로그램은 명지대학교 설립자인 방목선생의 기념관과 교수회관을 결합시킨 건물을 짓는 것으로, 현재 형성된 캠퍼스 대지에서는 동떨어진 순환도로변에 계획된 것이었다. 결과 당시 파트너쉽으로 작업했던 양남철과 공동작이 채택되었고, 이윽고 본격적인 계획이 시작될 즈음, 학교로부터 계획대지의 변경을 통보받고 새로운 설계를 다시 착수한다. 90년도 하반기에 이루어졌던 작업들의 대부분이 명지대학교의 용인 캠퍼스를 대상으로 펼쳐지게 된 것은 다름 아닌 불명확한 캠퍼스 마스터플랜에서 비롯된다. 당시 명지대학교 건축공학과 김경수 교수의 주도하에 작성된 대강의 마스터플랜에 따라 소극적인 질서를 가지고 차츰 증식되어온 캠퍼스는 학교 장기발전 마스터플랜 아래 건설이 이루어져야 한다는 움직임들이 일고 있을 때였다. 새롭게 주어진 대지의 위치는 공학관 뒤편, 1차 토목절개가 이루어졌던 언덕 위로 가상 마스터플랜에서는 교회로 계획되어 있었던 곳이었다. 이 대지는 접근 도로로부터 약 5개층 위에 앉혀져야 하는 상황이다. 또 다시 절개를 해야 될 상황이었고, 이에 건축가는 신축 예정인 종합 행정동과 방목기념관을 입체적으로 연결해 해결 가능함을 역설하여 행정동과 방목기념관을 함께 설계하도록 요청받게 된다. 비로소 캠퍼스 전체 질서에 대한 관심을 가지게 되는 동시에 조용히 형성되어온 캠퍼스와 주변 지형과의 관계에 관심을 가지게 되고 설계의 주요 테마로 삼는다. 그러나 이 시기도 잠시, 학교측이 설계가 진행되면서 계속 증가하는 행정동의 프로그램을 담기에 지금 계획중인 대지가 역시 협소하다는 생각을 갖는다. 이렇게 계속되는 설계의 번복은 캠퍼스와의 마스터플랜의 불명확성에서 야기된 것으로 건축가는 이를 적극적으로 검토하여, 가장 적합한 계획대지를 선정하여 학교측을 설득하게 된다. 여기서 확정된 대지가 현재 방목기념관이 들어서게 된 곳이다. 이 대지는 향후 캠퍼스 확장을 고려해 매입한 남측의 계곡지대와 면하고 있으면서 명진당과 함박관을 중심으로 형성될 캠퍼스 문화에 대한 생각으로 새로운 캠퍼스 마스터플랜의 중심으로 부상할 장소이다. 이러한 캠퍼스의 전체적인 질서를 생각하면서 진행하게 된 일련의 프로젝트들이 학교측에 신뢰를 주었으며, 방목기념관의 최종설계가 마무리되어 착공될 시점, 또 하나의 프로젝트, 생활지원센터의 설계를 맡게 된다. 학교측의 사정으로 인해 비록 설계계약은 체결되지 않았지만, 이 프로젝트 또한 캠퍼스의 확장계획 아래 진행되는 것으로, 향후 짓게 될 사회복지센터와 연결하여 제안한다. 교문을 들어서자마자 만나는 소운동장 일곽에 위치하는 이 건물은 현재의 소운동징에서 확보할 수 있는 대규모 오픈 스페이스를 새롭게 제공하는 생각으로, 하나의 커다란 고리모양의 띠를 대지에 부여하고 그 고리가 대지의 레벨에 따라 새로운 오픈 스페이스를 한정하면서 필요한 위치에서 외부로 개방되게끔 계획한 안이다. 이처럼 건축가는 기존에 형성되어 있는 질서나 평소 토지가 가진 변위들이 어떻게 건축과 결합되느냐의 문제를 중요하게 생각하면서 명지대 프로젝트를 진행해 왔고, 이러한 생각들은 향후 캠퍼스 내에 지어질 건물들의 방향을 제시하는 또 다른 질서로 작용할 것이다. 무엇보다도 캠퍼스 계획처럼 집합적인 건축에서 땅이 이미 지니고 있는 변위들을 찾아 그것으로써 하나의 질서를 만들고자 한 방법이 중요하게 여겨지고 있다.

1차 방목기념관 현상설계안이 경사를 가진 도로와 토지를 점유하는 대지에 계획된 기념관은 건물이 오브제로서 자연경관 속에 위치하는 상황에 관심을 쏟고, 큰 커브형 지붕의 매스를 건물이 경관과 같이 펼쳐짐으로서 각 공간이 'ㄷ'자로 트인 외부공간을 중심으로 위요하듯 형성시킨 안이다.

2차 방목기념관 및 행정동 설계 계획 건물이 캠퍼스내 대지로 옮겨짐에 따라 비로소 기존에 형성된 캠퍼스의 전체적인 상황과 어떠한 지형적 흐름에 대해 눈을 돌리게 된다. 가장 중요하게 생각한 것은 캠퍼스의 그린 벨트가 중심의 구릉지로부터 연장되어 나오는 현상이었다. 프로그램상 높은 위치에 있게 될 방목기념관은 행정동의 5층 높이에서 긴 연결 브릿지로 결합되고, 그에 따라 행정동과 프로그램의 상관성을 고려하면서 중심건물의 정면성을 해결하는 것이 주요 문제로 대두되었고, 그 과정에서도 줄곧 캠퍼스의 그린 벨트를 유지하려는 생각은 근간으로 작용했다.

최종 방목기념관 및 행정동 설계안

현재 방목기념관이 세워진 대지는 2차안과는 반대로 현재의 캠퍼스 주 레벨로부터 6개층 높이를 아래로 갖는 급경사지로, 일반적으로 생각하면 과도한 토목작업을 필요로 하여 계속 건물이 들어설 남쪽 계곡 쪽으로 연쇄적 영향을 미칠 가능성이 농후한 곳이었다. 역시 계곡을 가로질러 건너편 수림대와 만날 수 있는 현존하는 전나무 숲의 유지에 촉각을 곤두세웠고, 현재 그 숲은 새로운 캠퍼스의 중심공간에서 오브제로 반응하도록 계획된 방목기념관과 어우러진 아름다운 경관과 신선한 기운을 제공한다. 방목기념관은 전체 5개의 레벨중 위로부터 두 번째 레벨로 접근할 수 있도록 진입 레벨로부터 띄워 올려진 부정형의 덩어리가 주도적으로 드러나도록 하고, 아래의 레벨들 속에는 집회 및 행사를 위한 공간들이 가운데 오픈된 홀을 중심으로 배분되도록 하였다. 부정형의 덩어리를 이고 있는 방목기념관의 이미지는 현재의 캠퍼스와 미래의 캠퍼스 사이에서 발생하는 역동성과 관계하고, 대지를 감아도는 전나무 숲의 수직선과 비스듬히 뻗은 가지들을 배경으로 세월을 머금은 재료로써 병치됨을 의도했다. 행정동은 방목기념관의 현관 앞에 원호를 그리며 조성된 넓은 광장에서 브릿지를 건너 접근토록 되어있고, 도달한 지점에서는 계곡과 건너편의 경관이 건물의 프레임 속에 담기게 했다. 그 사이의 대지는 원래 가지고 있는 지표면의 상태를 유지하여 캠퍼스의 현재 주 레벨로부터 계곡으로 흐르는 자연스런 지표면의 연결을 유도하는 형식으로 마무리 될 것이다.

행정동은 기존의 함박관과 축선 및 모듈을 연장하여 캠퍼스 내 신구 건물 간의 컨텍스트를 이루어 내면서 그 시간적 차이를 재료와 상세로부터 드러내도록 의도했다. 행정동은 함박관의 경우처럼 레벨 차에 의해 두 개의 덩어리로 나뉘는데, 그 사이에는 5개층에 이르는 아트리움을 두어 중심공간의 역할을 부여하게 계획되어 있다.

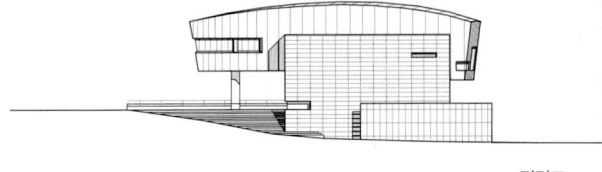

정면도

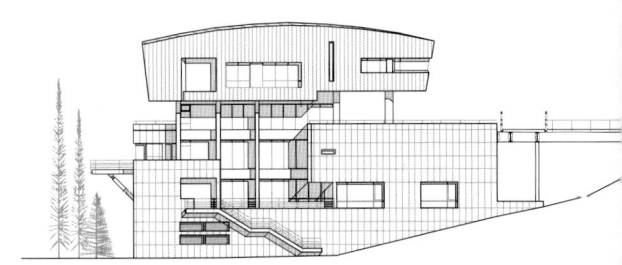

배면도

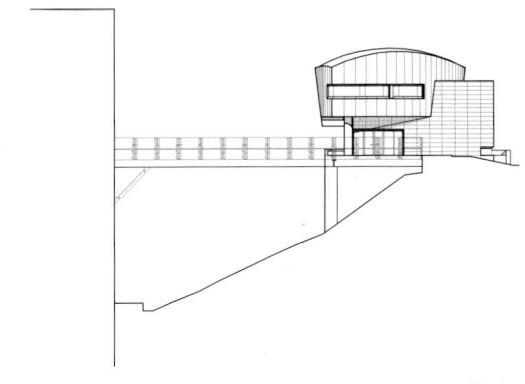

좌측면도

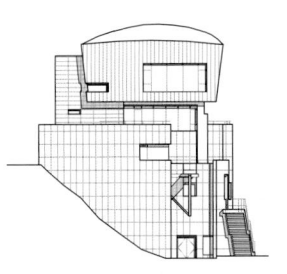

우측면도

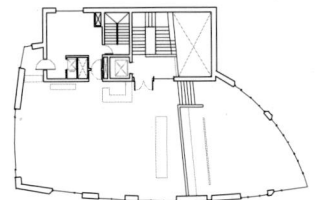

지상4층 평면도

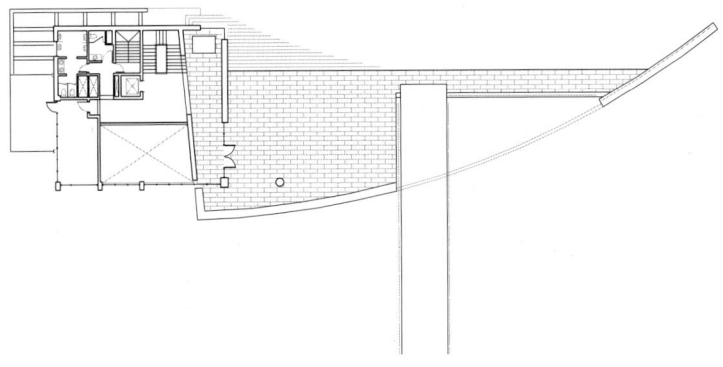

지상3층 평면도

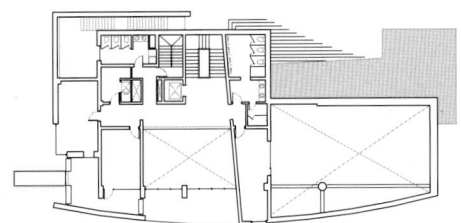

지상2층 평면도

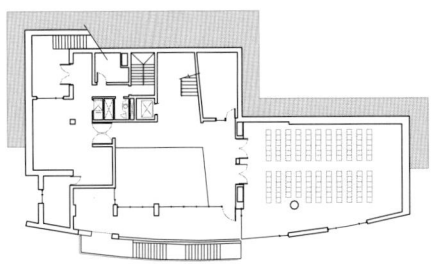

지상1층 평면도

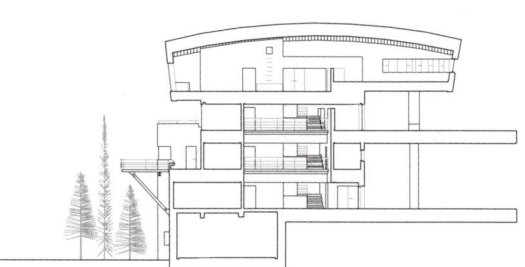
단면도-1

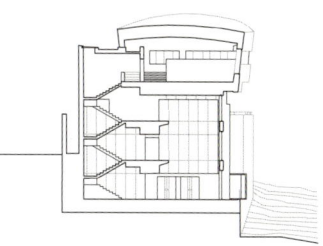
단면도-2

[박수근마을]
Parksookeun Town

설계연도   2001
대지위치   강원도 양구군 양구읍 정림리
건축규모   지상2층
연면적   684.26m²
수상   2003 한국건축가협회상
           2006 강원도 경관우수건축물 특별상

2001
[박수근미술관]
Parksookeun Museum

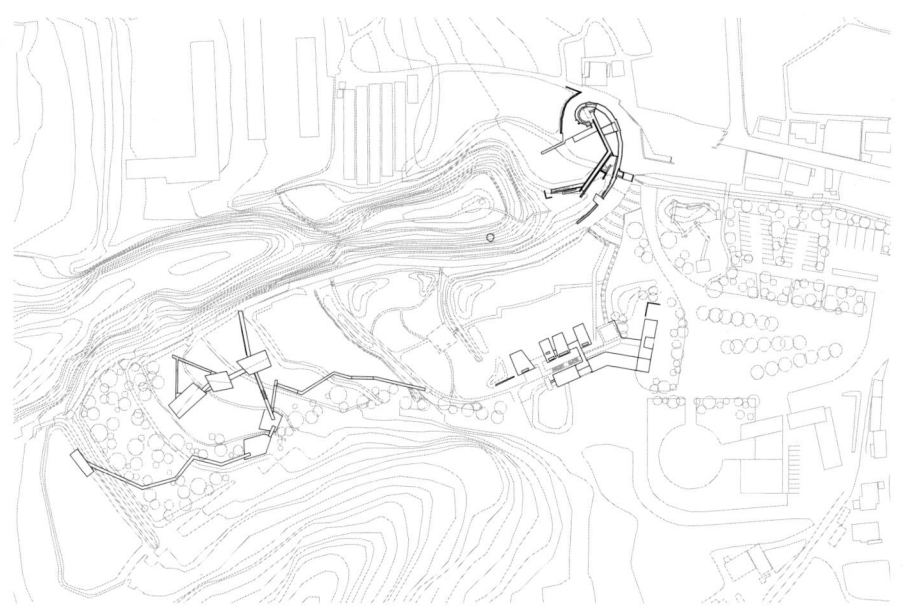

박수근은 한국에서 가장 유명한 근대 화가이며 20세기 중반의 한국적인 정서를 가장 잘 표현했다고 말해진다. 그의 작업은 그려 졌다하기 보다는 새겨진 것이다. 마치 돌 위에 새겨진 듯 그 십자선들이 가득 포개어져 있다. 형상의 윤곽들은 matiere 속에 녹아들어 있지만 충분히 뚜렷하다.

사후 40년, 그의 생가 터에 그의 작업을 기리는 미술관이 세워지게 되었다. 작은 지방의 예산으로는 그의 그림 한 점 사기가 어렵다. 적지 않은 그림이 수집되었고 그보다 몇 배의 그림들이 기증되었다.

이상하리만치 기다란 구릉의 끝에 대지가 놓여있다. 구릉지의 끝은 논에 의해 침식되어 있다. 밭은 지형에 적응하지만 논은 지형을 잠식한다. 논은 제2의 자연이기 보다는 자연과 맞서 온 강한 인공이다. 문득 또 다른 인공물인 미술관으로 침식되었던 그 구릉의 끝을 매만지겠다는 생각을 다듬는다. 단단한 끝자락을 만들고 구릉으로부터 흐름을 이어 나간다. 시설이 그 흐름 하부에 들어앉고 사람들은 그 안과 밖, 그리고 그 위와 아래를 움직이는 첫 번째의 schema가 만들어진다. 그리고 끝까지 유지된다.

미술관이 관람자와 박수근을 만나게 해 주는 장치여야 한다. 만남은 관람자를 일상의 풍경에서 다른 세계로 이끌며 시작된다. 미술관 주변의 먼 풍경을 보이며 점점 좁혀 돌아 들어가는 통로가 관람자를 미술관의 안마당으로 이끈다. 고요한 안마당과 원래부터 흐르던 시냇물, 건물의 벽과 함께 마당을 막아선 언덕, 벽을 따라 돌다 언덕을 타고 흐르는 관람자의 시선은 하늘로 향한다. 호흡은 최대한 가라앉는다. 하늘과 시설 사이에서 관람자는 장소가 품고 있는 의미에 투사된다. 이제 관람자는 미술관이 준비해 놓은 박수근의 작업을 만나기 위한 충분한 상태에 이른다.

추가로 만들어 진 언덕 속에 전시실이 있다. 전시실은 시냇물 위로 가로질러진 복도를 오가며 나누어진다. 전시실을 돌아나온 관람자는 유리 박스의 계단을 올라 전시실 위의 언덕으로 오른다. 진입로에서 보았던 주위의 풍경을 다른 높이에서 바라본다. 박수근이 보고 거닐었을 시골 마을과 그것을 둘러싼 능선들이다. 이제 관람자는 다시 일상으로 빠져 나오거나 언덕을 더 올라 꼭대기 정자에 이른다.

미술관은 안으로 뉘어진 돌무더기로 덮여있다. 돌무더기는 언덕에서 먼 곳 두개 층 높이에서 시작하여 언덕으로 휘어 들어오며 점차 낮춰져 사라진다. 흙과 돌무더기 사이의 관입니다. 돌무더기는 30cm 정도로 부수어진 화강석이 거칠게 쌓여있다. 박수근의 matiere다. 안마당의 벽은 마치 단층처럼 길고 얇은 돌들이 수직으로 켜켜이 쌓여있다.

미시적관점 : 박수근은 한국근대화단의 거목이다. 그는 가장 한국적인 정서를 담아낸 화가로 말해진다. 그의 작업은 마치 새겨진 듯 온 화면을 특유의 matiere로 가득 채우고 있다. 양구는 그의 출생지 이다. 그가 죽은 지 40년 후, 그의 미술관이 Place Marketing의 차원에서 발상되었다. 그런 발상은 지방자치단체에서는 흔한 일이다. 하지만 그 후의 전개는 남달랐다. 좋은 시스템이 뒷받침 되었고 많은 사람들의 열의가 보태어졌다. 미술관에 뒤이어서 워크숍 공간이 새롭게 계획되고 있다.

현상학적관점 : 이상하리만치 기다란 구릉지의 끝에 부지가 놓여있었다. 구릉지의 끝은 Agriculture의 흔적으로 패여 있었다. 흔적을 메우고 언덕의 흐름을 완성시키는 일로부터 건축은 시작되었다. 건축은 내부의 마당을 둘러싸고 있다. 마당 안에는 흐르던 시냇물이 그대로 흘러 건물 밑을 지나 바깥으로 나가고 있다. 고요한 안마당과 흐르는 시냇물, 그리고 건물과 함께 마당을 막아선 언덕, 그 안에서 관람자의 시선은 하늘을 향한다. 그 지점에서부터 관람자는 건물의 주인인 박수근과의 대화를 시작한다. 먼 풍경에서 미술관이 새로이 추가된 언덕이다.

구축적관점 : 흙과 돌무더기의 상호 관입, 돌무더기는 정점에서 시작하여 언덕에 가까울수록 점점 적어진다. 동시에 안쪽으로 누워있다. 돌무더기는 또한 화가 박수근의 matiere이다.

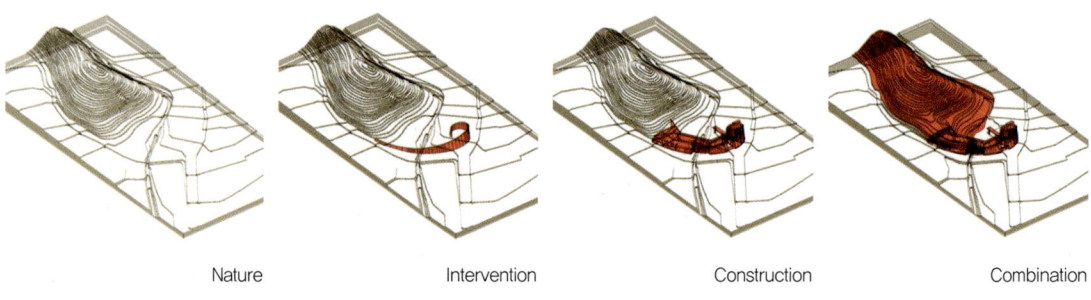

Nature　　　　　　　Intervention　　　　　　　Construction　　　　　　　Combination

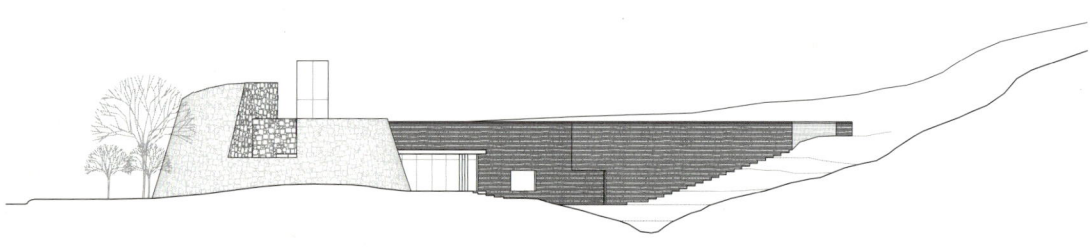

입면도

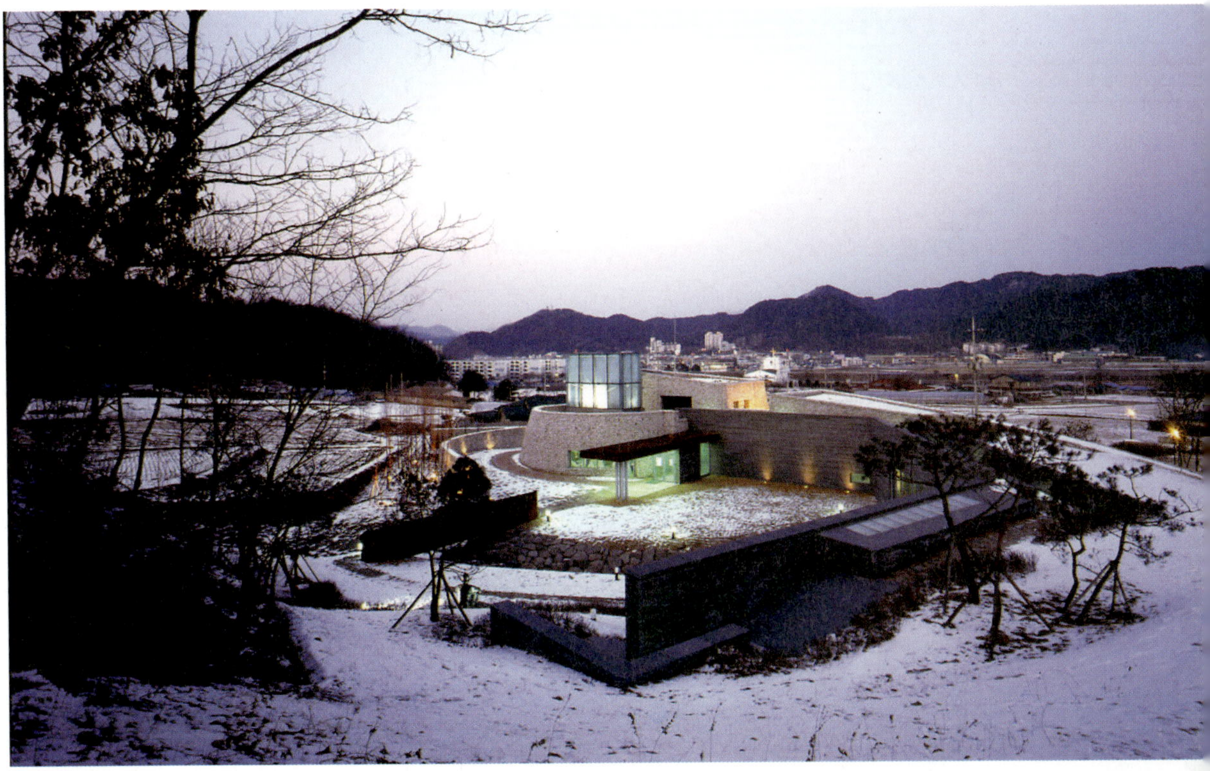

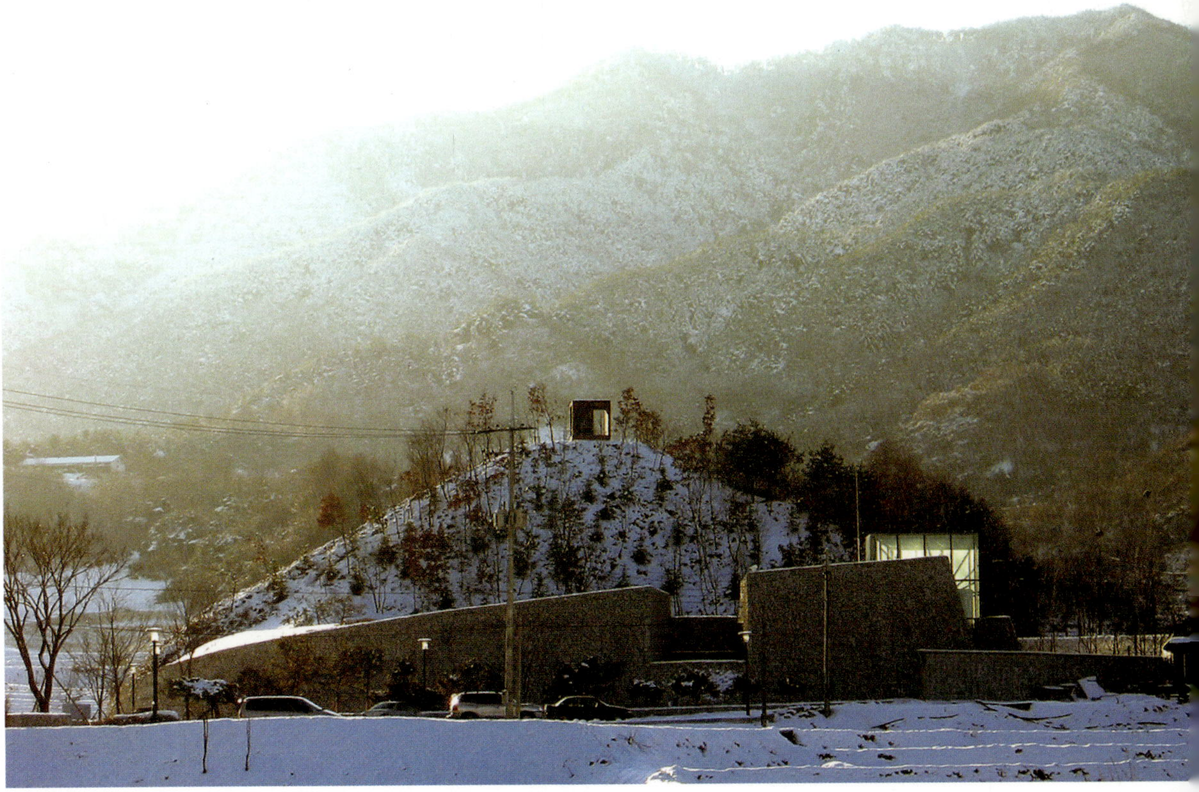

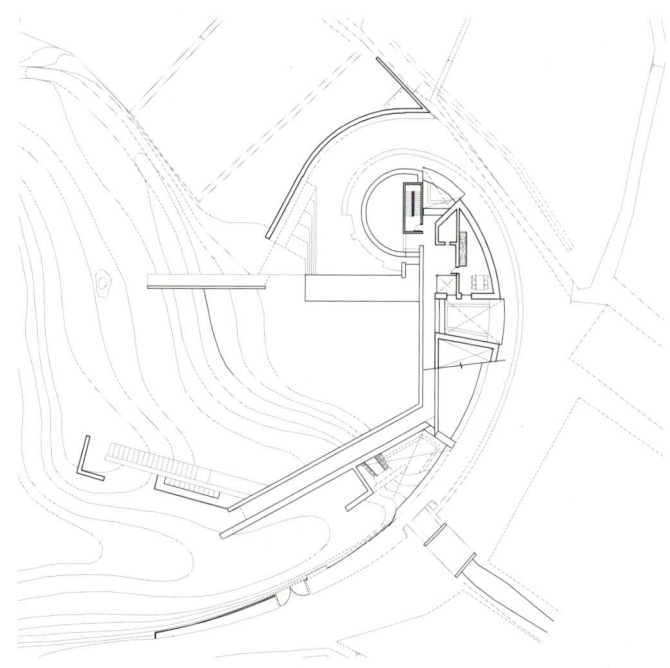

지상2층 평면도

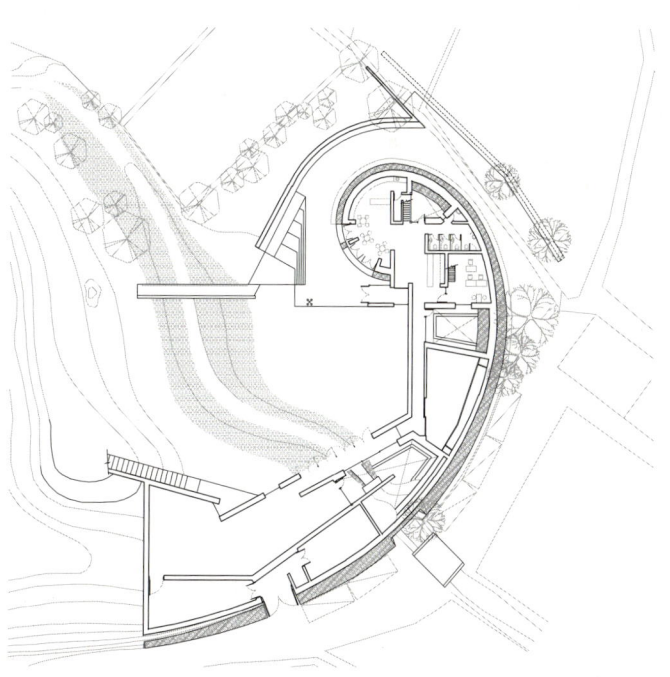

지상1층 평면도

설계연도 2005
대지위치 강원도 양구군 양구읍 정림리
건축규모 지상2층
연면적   698.64m²

2005
[예술인촌]
Parksookeun Art Village

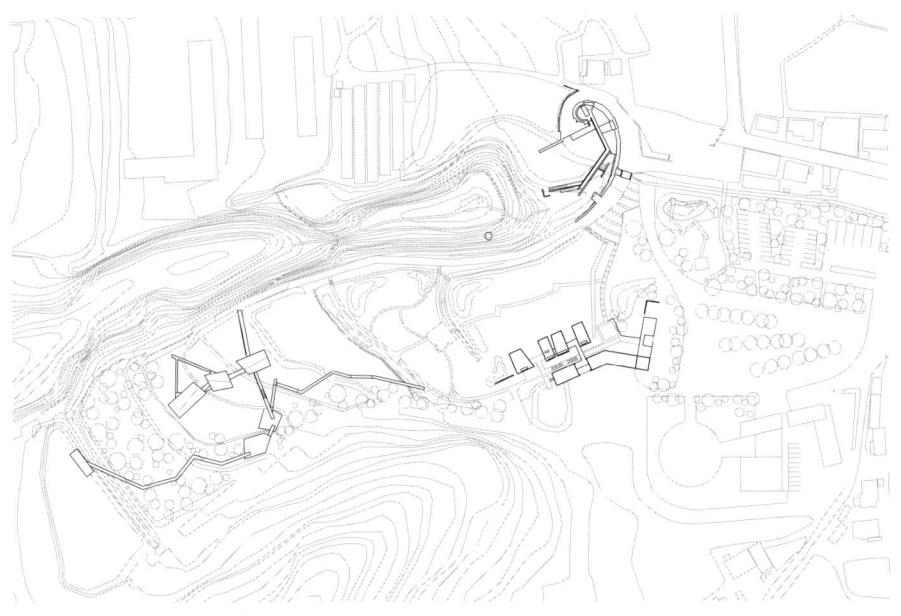

개관 후 2년도 안 되어 박수근 미술관의 수장 목록이 정말 많이 늘어났다. 믿기 어려운 일들이 정말 많이 일어났다. 갤러리 현대의 박명자 관장은 유화를 비롯해 50여 점의 유작들을 기증했다. 기획 전시실마저 상설의 기념전시실로 바뀌게 되었다. 애초 확보했던 현대미술 수장품 들을 위한 공간이 더 필요해 졌고 양구군은 박수근을 통한 장소 마케팅의 강도를 더 해나갈 수 있는 기회를 더 확보하게 되었다.

사실은 6 년 전, 박수근 미술관의 현상설계가 있었을 때부터였다. 심사를 위한 설계 설명의 자리에서 공개적으로 말했다. 주어진 대지 바로 옆 골짜기를 확보해 달라고. 첫 째 이유는 지금 설명하고 있는 미술관 계획이 이 골짜기와 논 자락의 풍경을 품고 있기 때문이며 둘째로는 미술관 하나 짓는다고 양구군이 원하는 바, 박수근을 양구의 상징으로 만들고 양구 방문의 동기가 되게 하려는 목적이 충분히 충족되지 않기 때문이라고. 마지막 이유로는 박수근과 그의 작업을 오늘에도 살아있는 문화가 되기 위해서는 오늘의 활동으로 이어지는 프로그램과 시설이 더 필요하기 때문이라고. 미술관이 개관되고 얼마 안 되어 임경순 군수(민선 3선을 마치고 퇴임)가 나를 불러 세웠다. 사 달라 말한 대로 사 놓았으니 쓰임새를 모색해 보라는 요청이었다.

새로운 시설의 핵심은 현대미술관이라 생각했다. 그에 더해 교육용 공방과 함께 일종의 아티스트 인 레지던스(artist in residence:선정된 작가들이 일정기간 머물며 작업하는 공간 및 그 시스템)가 필요했고 방문객들을 위한 카페, 뮤지업 샵, 숙소 등이 필요했다. 미술관 운영위원회는 오랜 논의 끝에 이 새로운 시설을 박수근 마을이라 부르기로 했다. 양구군의 예산은 한정적이었다. 시설은 다시 두 단계 이상으로 나뉘어졌다. 지금 만들어진 시설은 나머지 시설들이 유보 된 1단계 작업일 뿐이다.

확보된 대지는 기존의 미술관이 놓인 산줄기를 따라 논 자락이 단계적으로 올라가고 있는 풍경이다. 이 풍경은 박수근 미술관이 품고 있으며 한 편 그 배경으로 삼고 있는 핵심적 경관이다. 청년 박수근이 매일 거닐고 보았을 경관이며 그의 작업을 잉태시킨 그 경관이다. 그러기에 주어진 대지 속에서 새로운 미술관은 충분히 물러앉아야 하고 층층이 단이 지어진 논의 둔덕과 잘 결합되어야 한다. 기존의 미술관(길게 뻗은 대지와 하나다)과의 사이에 놓여 이것들이 본래 품은 결을 유지할 수 있어야 한다.

그 풍경을 가로 질러 박수근 마을로 다가선다. 좁고 긴 전시실 덩어리가 근경을 다 잡아 준다. 오른쪽 산 방향으로 길을 틀어 계단을 올라선다. 오른 편 풍경에 미술관 덩어리 사이사이로 기존 미술관으로 뻗어 내리는 산 능선이 얼핏얼핏 보인다. 이러한 경험은 입구 앞에서, 미술관으로 들어선 후 샵, 사무실을 연결하는 복도를 따라 전시실로 연결되는 브릿지로 꺽어 들기 전까지 계속된다. 왜냐하면 이 논과 풍경은 이미 박수근 마을의 일부이며 미술관의 수장품이다.

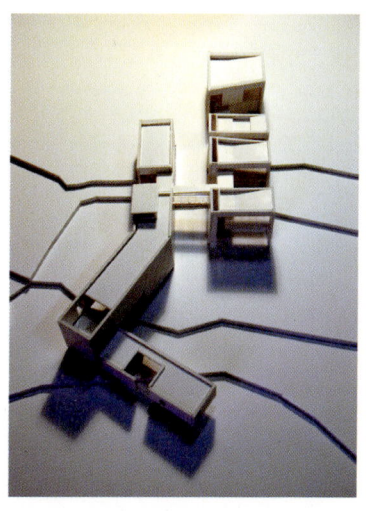

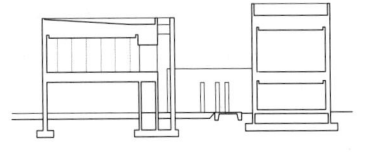
종단면도-1

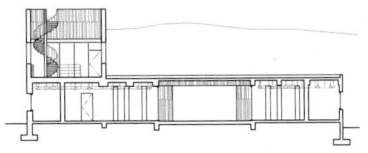
종단면도-2

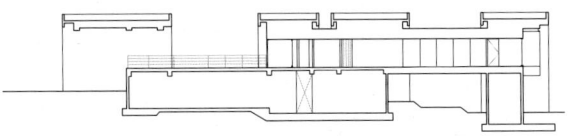
횡단면도

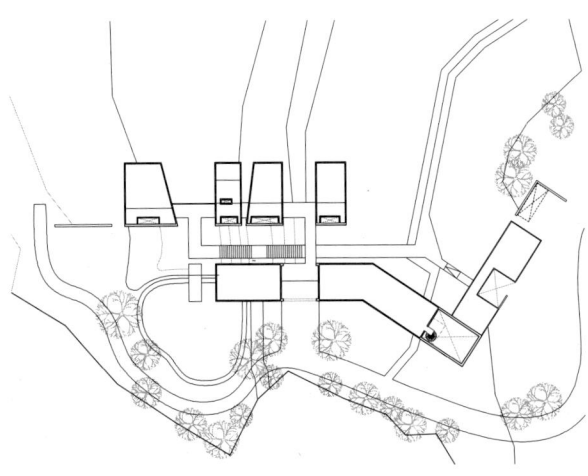
지붕층 평면도

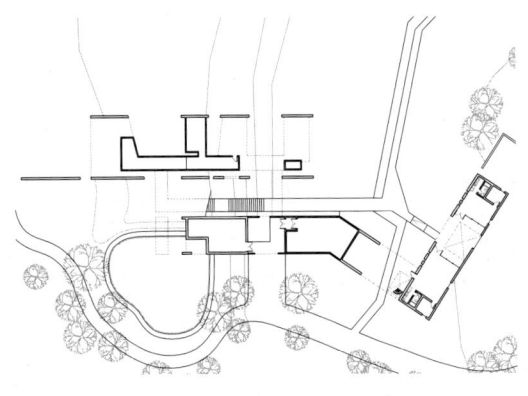
지상1층 평면도

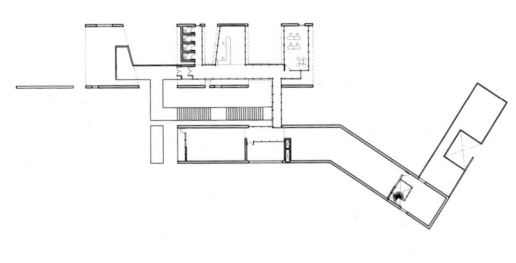
지상2층 평면도

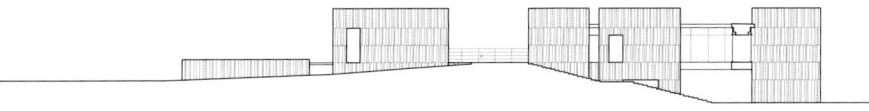

사무동 남측입면도

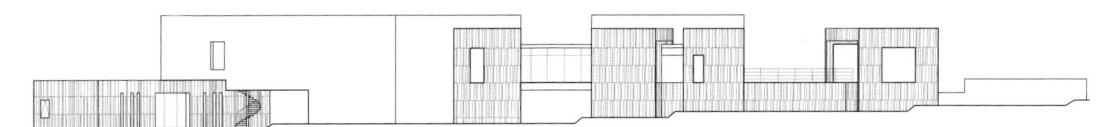

사무동 북측입면도

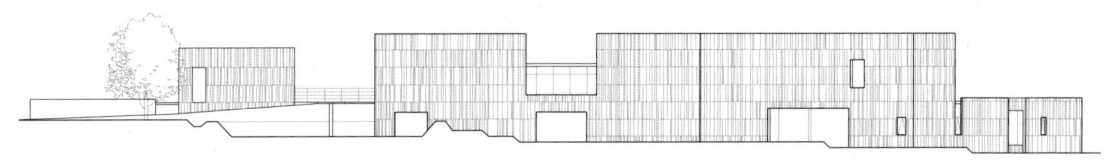

전시동 남측면도

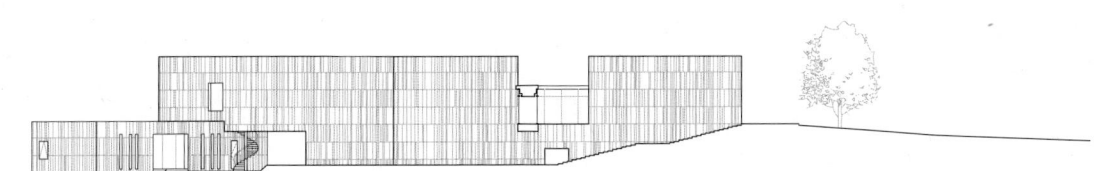

전시동 북측면도

설계연도   2013
대지위치   강원도 양구군 양구읍 정림리
건축규모   지상2층
연면적   595.11m²

2013
[박수근파빌리온]
Parksookeun Pavillion

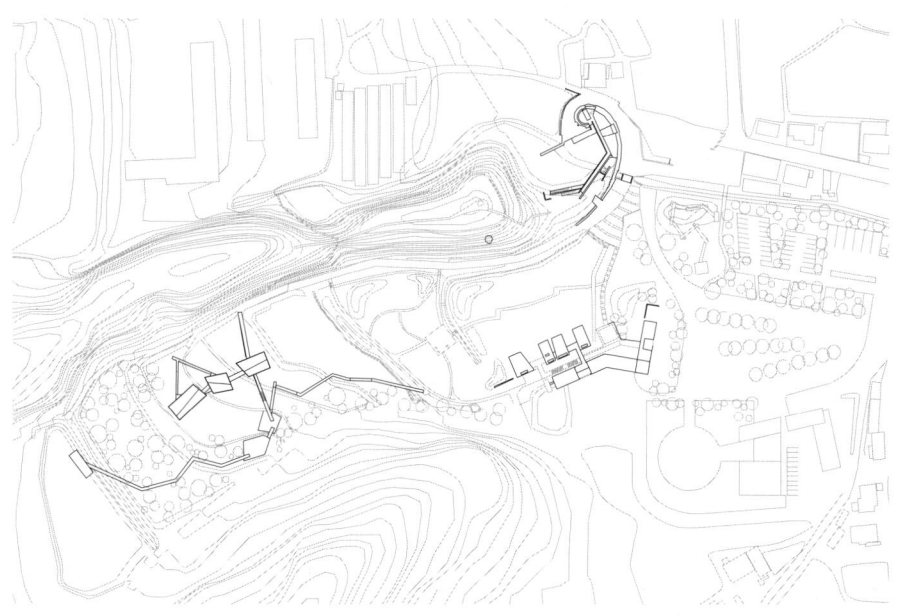

박수근 화백 탄생 100주년을 기념하는 사업을 양구군에서 진행하고자 했다. 기존 박수근 미술관이 생긴 이후 여러 후원자들로부터 다양한 미술작품들의 후원이 있어서 기증작 전시실이 필요했으며 박수근을 기념하는 공간을 마련하고자 함이었다. 처음 양구군에서 요구한 것은 존재하지도 않은 박수근 화백의 생가 건립이었다. 생가라고 함은 흔히 위인들을 기리거나 정치적인 요소가 다분한 행위들이었다. 어쩌면 전근대적인 유산의 오류라고도 보인다. 게다가 있지도 않은 생가의 신축은 아무런 의미가 없는 것이었다. 먼저 양구군과의 협의를 통해 박수근 화백을 기념할 수 있는 아뜨리에와 기증작 전시실이 되는 파빌리온 건립으로 가락을 잡았다.

대상지는 이미 정해져 있었다. 박수근 미술관과 그 이후에 건립된 예술인촌 사이 골짜기 상부에 전망좋은 논 위였다. 계획에 앞서 이 장소를 박수근 마을이라 칭하고 전체적인 마스터플랜 계획이 요구되었다. 이 골짜기를 진입하면서 박수근 미술관, 예술인촌, 묘역, 무엇보다도 시골풍경을 만끽하면서 관람한 후 빠져나가기 까지 자연스러운 경험이 필요했던 것이다. 이것은 건축과 전시 이상의 박수근 작품에서 우러나는 그 정서의 공감과 진정한 박수근 마을의 의미에 부합하는 것이다.

마침, 박수근 화백 탄생 100주년을 기념하여 산림청의 숲 가꾸기 사업, 배꼽 산림 공원 사업 그리고 향후 전개될 것이 유력시되는 생태평화벨트 사업 등이 기다리고 있었다. 다양한 사업들을 통해 박수근 마을이 점차 확장되고 또 새롭게 가꾸어지는 것은 바람직한 일이지만 그럴수록 사업들간의 연계와 조정은 절대적인 사안이었다. 때로 그 연계와 조정이 원활치 못하여 되돌릴 수 없는 실패가 초래될 가능성 또한 매우 높은 것이 사실이다. 따라서, 예상되는 사업을 포함하여 과제정리 로드맵을 작성하여 박수근 마을 연관사업들을 순차적으로 검토해 나가는 동시에 발생되는 변수를 관리해 나가야 할 필요가 있다.

불행하게도 이러한 노력에도 불구하고 전혀 박수근 마을과 적합하지 않는 배꼽 산림 공원 사업이 계획 도중 진행이 되고 말았다. 안타까운 일이 아닐수가 없다. 또한 파빌리온 위쪽 골짜기로 계획될 전원마을 도로는 지극히 엔지니어링적인 작업으로 도로가 나고 말았다. 이 땅의 가치를 깨부수는 폭력적인 도로가 생긴 것이다.

이미 몇 해전 박수근 미술관과 예술인촌을 잇는 바닥 포장을 전혀 이 땅과 어울리지 않는 재료와 패턴으로 시공해 항의를 한적도 있었는데 또 이런 일들이 발생한다는 것은 행정상의 모순을 극적으로 보여준 사례이다.

먼저, 박수근 마을 관람의 큰 시나리오를 만들었다. 첫 진입한 후 주차장에서 내려 보행으로 박수근 기념미술관을 관람하고 옥상으로 통하는 계단으로 골짜기 능선을 따라 묘역으로 이어진다. 그 이후 골짜기 능선을 내려와 논자락 한가운데 있는 박수근 파빌리온을 관람 후 다시 2층계단으로 내려와 논 위에 산책로를 따라서 예술인촌을 관람하고 관람을 끝낸다. 이 동선은 골짜기의 능선과 논 위에서 거닐면서 마주하게 되는 박수근의 작품들과 기증작을 관람하는 것이다. 짧지 않은 동선으로 내외부의 풍경들을 다양하게 관람하는 작지만 큰 전시이며 건축이다. 실제 각 전시관들의 규모는 작지만 다양한 경험들을 관람자들에게 부여할 것이다.

기존의 자연 그리드인 논자락을 유지하고자 하였다. 논 위에 존재하기에 연결로의 제약은 받았지만 전용보행로에서 이어져 논위에 떠 있는 브릿지로 연결시켰기에 어려움은 없었다. 각각의 논 그리드 안으로 배치하기 위해 3개 동으로 분할하였고 각 전시동을 내부 연결통로로 이었다. 그리고 외벽선을 논 경계축과 평행하게 하여 자연의 축에 충실하였다. 형태는 단순해 보이지만 각 외벽에 변화를 주었다. 파빌리온이 위치한 논은

습지로써 시간과 계절에 따라 물이 차고 빠지고를 반복하게 될 것이고 다양한 식생들이 풍성하게 자라 자연 그 대로의 땅에 서 있는 하나의 작품으로 인식될 것이다.

가장 고민이 컸던 부분이 외장재였다. 기존 미술관들과 동일하거나 유사한 것을 지양하고 박수근 화백의 작품에서 착안하여 MATIERE를 정하는 것이 가장 박수근 파빌리온 답다고 판단했고 박수근마을에서 다양한 변화를 주려고 했다. 익스펜디드 메탈은 국내에서 흔치않은 재료로서 보는 이에게는 낯설수도 있지만 홈이 파여지고 늘여지는 재료는 박수근이 주로 사용하던 MATIERE와도 이미지가 잘 부합된다. 각 동 사이의 외벽은 건축보다 앞서 생성된 논자락에 양보하듯 분할면을 절정으로 보여줄 수 있는 기존 박수근 기념미술관 외벽재료와 동일한 석재쌓기로 형성이 된다.

건축이 선다는 것은 땅이 가진 질서를 지워가는 행위이다. 오랜전부터 지속되어 온 땅의 형상을 파괴하는 것은 누군가에는 기억을 지워버리는 행위이며 그 장소가 가지는 정체성을 훼손하는 행위이다. 그런 의미에서 이 골짜기의 논처럼 오래전부터 주변 산세와 어우려져 단단이 펼쳐지는 이 땅의 질서를 보존하는 것이 낯설지 않은 풍경속에서 가장 박수근스러운 소박함과 그의 작품세계를 대변하는 것이 아닌가 싶다. 이미 박수근 미술관 때부터 자연의 질서를 존중하는 형태로 계획하였다. 오히려 능선에 묻혀 이곳 능선자락에 생명력을 불어넣고자 했던 것이다. 그 이후에 지어진 예술인촌의 형상은 어떠한가. 논위에 떠있는 형태로 기존 논자락의 질서를 지우지 않고 거기에 순응하고자 했다. 이 맥락에 이어서 박수근 파빌리온도 최대한 그 질서를 인정하면서 동화되고자 한다. 박수근 화백이 유년시절 거닐고 생활했던 이 아름다운 땅에서 관람객 또한 낯설지 않는 풍경을 맞이하며 교감하고자 하는 바램이고 파빌리온이 들어서기 전 이 땅이 가졌을 익숙한 질서를 존중하고자 한다.

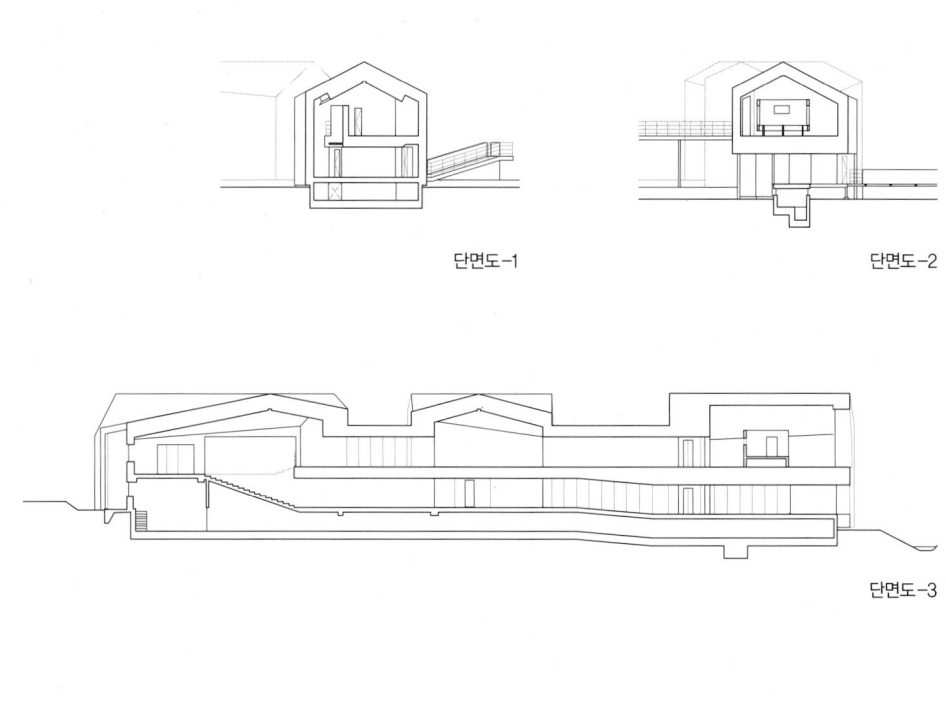

단면도-1   단면도-2

단면도-3

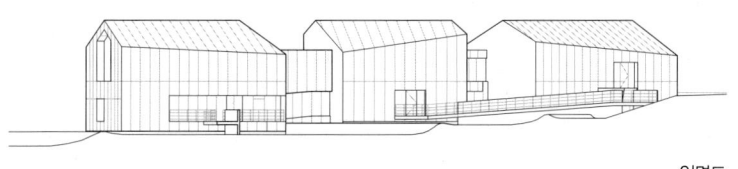

입면도

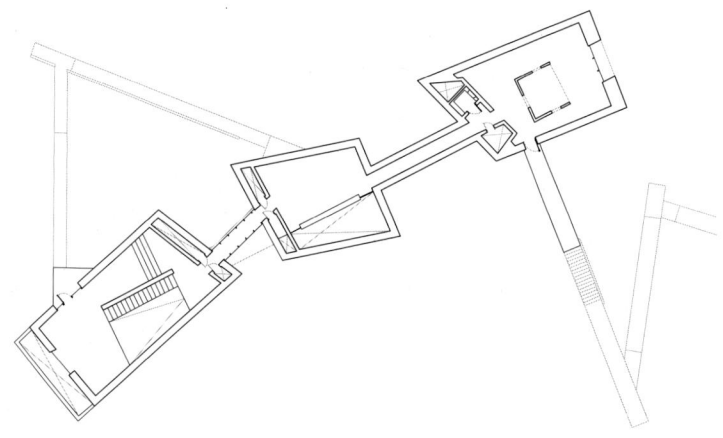

지상2층 평면도

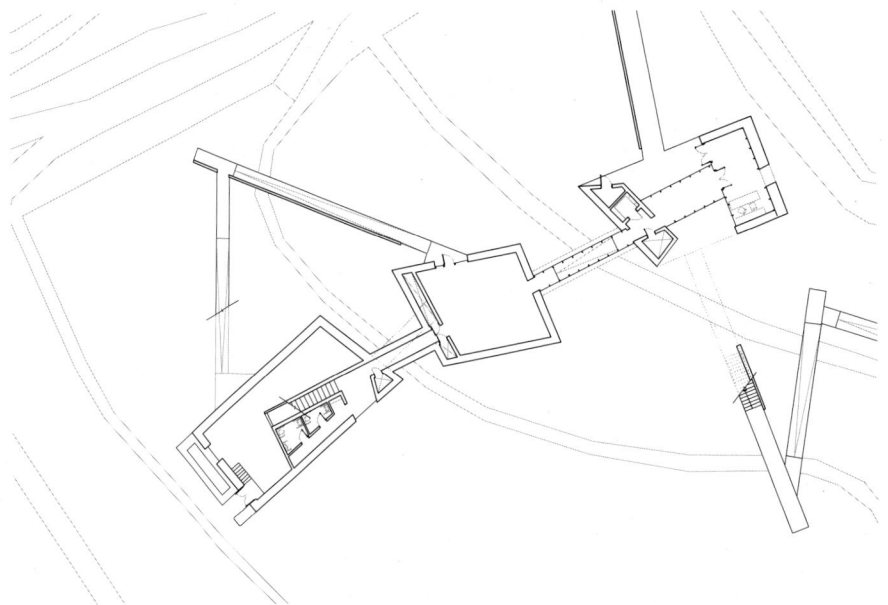

지상1층 평면도

설계연도　2002
대지위치　광주광역시 북구 용봉동 비엔날레로 111
건축규모　1층, 6개동(비닐하우스)
연면적　　1,400m²

2002
[광주 비엔날레 프로젝트 4 : 접속]
Gwangju Biennale Project4

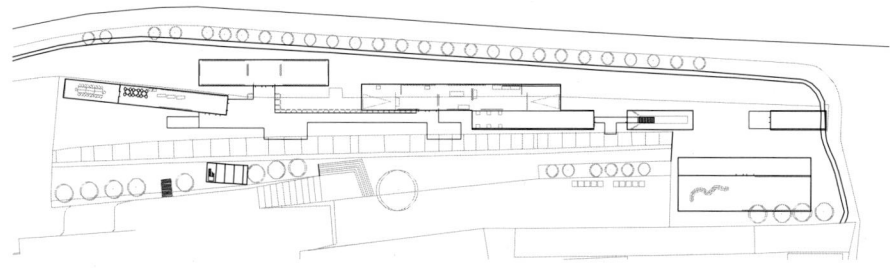

1주 전 착공, 1주 후 완공
서울에서 비행기로 한 시간
대도시 한 가운데
여러 명의 예술가들을 위한 전시장
철도 폐선부지와 역사가 있었던 터
8t의 파이프, 투명막, 차광막, 합판과 목재
사회적 장소, 공간의 실천
문화를 빌린 도시에서 기억 보존 의지

도시 중앙을 지나던 10.8km의 철로가 폐쇄된다. 경전철 놓기, 녹지의 띠, 도시주거 만들기 등등 폐선부지의 활용이 뜨거운 이슈가 된다. 행정 당국의 섣부른 의사결정과 NGO 사이에 충돌이 발생한다. 때마침 비엔날레는 '멈춤'(pause)의 주제를 내건다. 예술가와 NGO들은 폐선부지의 이슈에 비엔날레를 [접속]시킨다. 운동의 목표는 논의를 지연시키는 일이며 그를 통해 지혜를 얻으려 한다. 당국은 마지못해 끌려온다. 지극히 한정된 예산조차 집행이 방해를 받는다. 설계는 반나절마다 수정되고 건설은 전투와 다름없게 된다. 전투는 비엔날레 개막일 아침 동이 터올 무렵 가까스로 수습된다.

폐쇄된 역 구내, 플랫폼과 철로가 있었던 곳이 전시장의 영역이다. 기존의 역 시설은 벌써 철거되었다. 남은 흔적은 때묻은 자갈과 콘크리트 플랫폼 뿐이다. 고성장의 사회는 기억을 지워나가는데 익숙하다. 하지만 과거 역과 긴밀히 연결되었던 시장은 계속 살아 움직인다. 상인들은 계속 모여들고 흩어진다. 인프라는 갔어도 이벤트는 관성으로 남아있다. 예산의 축소는 여러 차례 초대작가를 조정하게 만들고 전시장 구축의 방법을 제한시킨다. 그 결과 세상에서 가장 싼 미술관이 만들어진다.

프로젝트 4는 사람들에게 폐선부지의 상황에 대해 잠시 느리게 생각하기를 요청한다. 우선 먼저 소멸된 기억을 불러낸다. 새로운 환기는 예술의 첫 번째 역할이 아닌가? 전시장은 역을 통해 벌어졌던 과거의 기억을 재현한다. 플랫폼에서의 기다림과 늘어선 열차들. 플랫폼은 합판의 데크로 연장되어 각각의 전시동 사이를 누빈다. 때로는 폐선부지의 지층을 보여주기 위해 땅 밑을 파 내려간다. 끊어진 철교 쪽으로는 전시동이 기울어 올라간다. 반대편 끝 부분에는 '일어서는 침목들'이란 작품과 함께 폐선부지 운동의 중심이 될 NGO 파빌리온이 놓여진다.

전시동은 얇은 비닐막을 통해 내외부의 시선이 관통한다. 철로의 수평처럼 눈높이는 일정하다. 사람들은 전시동의 내외부를 빈번히 드나든다. 설치작업이 되었어야 할 작품들이 모형과 그림으로 그 사이사이에 '전시' 되어있다. 밤의 철도역은 또 다른 풍경이다. 데크의 하부에서는 조명이 자갈들을 비추고 다른 투명도를 가진 비닐막들로부터 불빛이 새어 나온다. 대나무로 만들어 진 가로등이 풍경에 더해진다.

전시장은 이 시대 최고의 low-tech shelter인 'vinyl house'로 만들어진다. 뼈대는 steel pipe이고 membrane은 0.12mm의 vinyl과 광량 조절용 net이다. 그리고 12mm plywood가 전부이다. 비닐막 하부는 합판과 띄워져 있어 자연스런 환기를 가능케 한다. 어떤 전시동은 그 반투명 막이 rear projection screen으로도 쓰이고 때로 화려한 천으로 덮인다.

나의 작업은 대개 기억에 관계하는 공공의 일들이다. 그 과제에서 요구되는 기억의 욕망, 기념의 강요가 상투적이라고 느낀지 오래다. 즐겁지 않다. 그 상투성을 뒤집어 강요를 피하는 법, 그래서 진정한 기억으로 다시 살아나는 법이 주된 관심사이다.

이 프로젝트는 일종의 '운동'이라고 말할 수 있다. 아무런 계획 없이 마구잡이로 개발되는 현재 도시의 모습에 경종을 울리고 싶었다고 할까. 2002년 광주 비엔날레 전시의 주제가 '멈춤-pause-止'였는데, 개발이 한창 진행 중인 도시 한복판에다 전시장을 지어 사람들에게 잠시 멈

춰 서서 도시의 모습을 다시 한번 둘러보게 해주고 싶었다. 그리고 건축이 어떻게 '건물'을 넘어서 훼손된 땅을 치유하며 도시가 어떻게 '문화'의 이름으로 새롭게 생성될 수 있는지 하나의 사례를 만들고자 하였다.

광주 비엔날레 남광주역 전시장은 이미 사라진 철길과 철도역을 오히려 직설로 환기하고 있다. 왜냐하면 오히려 이곳에서 운동가들 이외에는 아무도 폐선부지의 기억을 정면으로 말하고 싶어하지 않았기 때문이다.

'2002 광주비엔날레'의 주제 '멈_춤'은 국제비엔날레의 관행, 미술의 관행, 넓게는 사회의 관행을 멈추고 새롭게 시작한다는 의미이다.

'프로젝트4:접속'은 광주비엔날레의 이러한 취지에 비추어볼 때, 도시 계획과 개발, 공공 미술에 대한 관행의 멈춤과 새로운 시작을 위한 시도로 볼 수 있다. 광주시 도심철도 폐선부지를 대상으로 한 이 프로젝트는 완결된 작품이 아니라 도시 계획 과정에 대한 참여와 제안, 그것의 진행 과정으로 이루어져 있다.

전시개념

폐선부지 공공예술 프로젝트는 광주 도심의 광려선 폐선부지 10.8km에 새로운 기능과 역할을 부여하려는 환경 중재 작업의 일환으로 예술공원조성을 전제로 한다. 폐선부지는 근대사적 유적으로서의 가치를 지니는 곳이며 이 철길을 이용했던 사람들에게는 남다른 기억이 남아있는 장소이다. 이 전시는 이렇게 도시와 시민과의 연결/접속의 잠재력을 갖고 있는 이 질문의 땅에 공공예술 프로젝트를 제안함으로써 광주를 문화도시로 거듭나게 하려는 취지를 가지고 있다.

재활용, 대지미술, 야외박물관, 건축적 풍경, 접속, 임시구조물, 야외교실, 도시 생태, 도시산책, 도시의 미래라는 작은 단위의 주제들을 실현하는 다양한 방식의 작업들을 통해 광주시가 추진 중인 녹도 공간과 연계하여 참여 작가와 시민 사이의 유기적인 소통과 접속을 추구하는 공공미술의 전형을 제시하는 전시가 될 것이다.

전시방향

광주비엔날레의 지속적인 개입을 통한 예술공원 조성_ 프로젝트 4는 도심철도 폐선부지 전구간 10.8Km에 대한 지속적이고도 종합적인 계획을 염두에 두고있다. 이 전시의 궁극적인 목표는 시민들이 이끌어 낸 폐선부지 공간 활용의 녹도 결정에 부합되는 예술공원을 조성하는 것이다. 도심속의 녹지공간 조성만이 아닌 폐선부지가 가진 근대유적으로서의 의미를 지닌 예술체험의 공간과 휴식의 공간을 만들고자 한다.

철교 위 보도교 설치와 박물관 건립을 통한 시간, 공간 그리고 시민간의 접속_ 남광주역은 지난 수십 년 간 광주 인근의 중소 도시에서 모여드는 상인들과 직장인, 학생들의 발이 되어왔다. 하지만 지금은 남광주역과 광주천 철교가 없어져 시민과 역사적 기억의 장소간의 단절을 낳게되었다. 이제 도심 속에서 사람의 발길이 뜸해진 이 곳을 철교 위의 보도교 설치를 통해 다시 시민과의 공간적 접속을 시도하고자 한다. 아울러 장기적으로는 시민들의 추억과 생활상이 얽혀있던 이 공간에 '광여선박물관'이 세워질 수 있도록 그 발판을 마련하고자 한다.

미술가, 건축가, 사진작가, 시민들이 만들어내는 총체적인 전시형태_ 전시의 범주를 미술에만 국한시키지 않고 장르를 확장시켜 건축가, 대지미술가, 미술작가들, 시민들이 함께 현장작업에 참여한다. 자료전 성격의 특별전은 폐선부지를 새롭게 바라볼 수 있는 역사적 시각을 마련해 줄 것으로 기대된다. 특별전은 폐선부지와 관련된 건축과 대학(원)생들의 작품전과 사진전 및 회화전 그리고 광려선의 역사, 기타 자료를 전시한다.

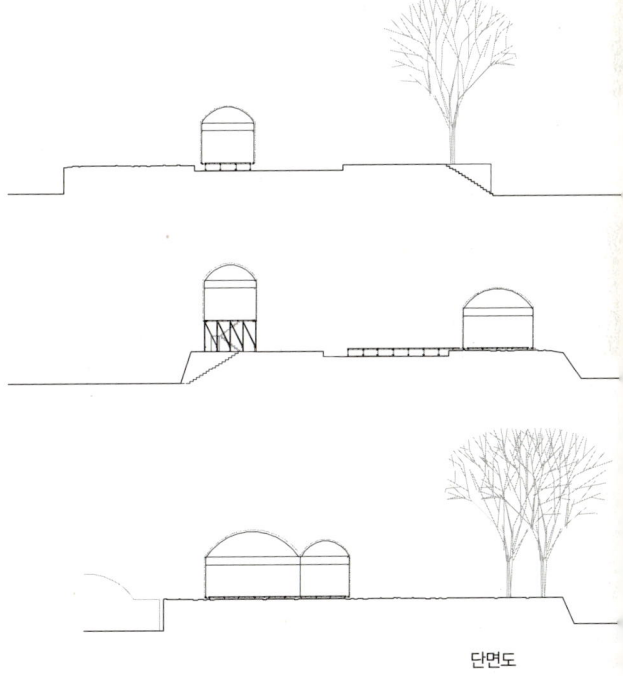

단면도

설계연도   2003
대지위치   경기도 광주시 남종면 분원리 116
건축규모   지상2층
연면적   411.04m²

2003
[광주 분원백자관]
Bunwon Royal Porcelain Museum

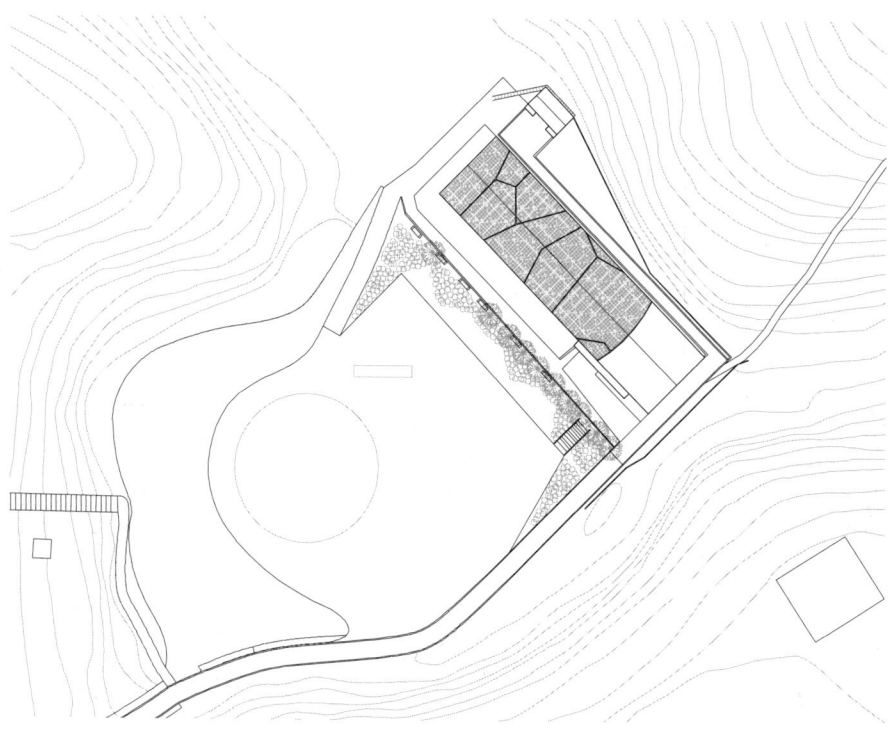

과거에 도자기를 굽는 일은 당대의 하이테크 산업이나 마찬가지였다. 그 중에서도 관요는 철저한 제도 아래 관리되었다. 중앙에는 사옹원이 있었고 도자기를 굽는 현장에는 분원이 설치되었다. 그 중 하나가 오늘 경기도 광주에서 분원리라는 이름으로 불려지고 있는 곳이다. 한강의 수계로부터 좋은 흙과 땔감이 공급되었고 만들어진 도자기는 역시 한강을 통해 도읍으로 운반되었다.

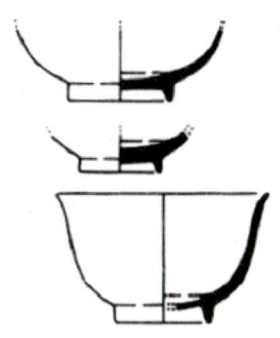

어느 곳을 파 보아도 파편이 나오고 그럴싸한 곳을 더 파보면 가마터인 듯, 온 사방이 도자기와 관계 맺지 않은 곳이 없는 듯싶다. 특히 그 핵심 지역인 분원의 이곳은 백여 년의 지난 세월 동안 학교 터로 둔갑하고 강변의 붕어찜 집들로 뒤 덮혀버렸다. 하지만 그 사이 꾸준한 발굴이 있어 점점 더 이곳 분원의 실체가 드러나고 있다.

발굴은 앞으로도 더 긴 시간 계속될 예정이기에 경기관광공사에서는 그 과정 중에 발굴에 얽힌, 그보다는 이 지역에 얽힌 사연들을 소박하게 알리고 가꾸어 나가기로 했다. 해서 일차 발굴이 끝난 터를 다시 흙으로 덮어 봉하고 그 자리에 있었던 폐교 하나를 일종의 홍보관인 분원 백자관으로 만들 계획을 세웠다. 따라서 과제는 기존 폐교를 전시관으로 바꾸어 내고 그 주변을 매만지는 일로 시작되었다.

폐교는 가지런히 심어져 있는 소나무 뒤에 네 칸의 교실로 자리하고 있었다. 그 터에서 한 길 높이 아래로 작은 운동장이 내려 앉아 있었다. 우선 영역의 애매한 윤곽을 낮은 구릉으로 감싸서 하나의 장소로 바꾸어 내었다. 폐교는 전해 듣기로 옛날 공민학교였으며 당시 학생들과 선생님들이 직접 지었다고 할 정도로 낡아 있었다. 문화재청과의 약속은 그 실루엣에서 더 하지도 빼지도 말자는 것이었다. 막상 건물의 낡은 껍질을 살짝 벗겨내고 보니 이제껏 수십 년 그 자리에 서 있었던 일조차 신통해 보일 정도였다. 곳곳에 철골을 세우고 지붕을 새로 얹기로 했다. 그리하고보니 외피를 새로 구성하는 일이 난감했다. 벽과 지붕을 같은 재료로 하여 집의 원초적인 모양새를 갖추려 했다. 그렇게 할 수 있다면 철판일 수도, 또는 밝은 아연판일 수도 있었다.

예산이 허락하는 것은 철판이었고 문득 가마에서 변해가는 철화의 붉은 색이 다가왔다. 도자기와 녹슨 철의 궁합은 사계의 전문가들에게는 낯선 일인지라 몇 번의 논의가 이어졌지만 예의 철화의 비유로 해서 이해를 구할 수 있었다. 내친김에 한 걸음 더 나아갔다. 그것이 단지 얇은 표피임을 드러내기 위해 철판에 작은 구멍들을 뚫었다. 게다가 철판의 전개도에 이대 박물관에서 발굴해 실었던 이름난(?) 파편의 라인들을 오버랩하고 그 선을 따라 잘라내었다. 흥미로운 것은 도자기가 깨어져 나가는 선은 유리나 기타의 것이 깨어지며 만드는 선과 다른 원칙을 가지고 있다는 점이었다. 품이 많이 드는 작업이 되어버렸다.

현장에서 조율이 적절히 필요했다. 내부의 교실 바닥을 조금 파내니 부분적인 두 개 층이 만들어졌다. 공간이라면 그것이 다였고 나머진 전시에 관련된 기획은 다른 팀들에 의해 진행되었다.

전시공간을 마련하는 방법이 다각도로 모색되었으며 새로운 시설의 신축도 검토하였으나 문화재 보호구역 내에서 신축을 위해 땅을 팔 경우 지하 매장 문화재를 훼손시킬 수 있기 때문에 기존의 폐교를 활용하기로 결정하였다.

기존시설의 리모델링이기 때문에 가급적 학교의 구조를 유지하면서 계획을 하려 했으나 수십 년간 방치되어 있어 노후 된 건물은 보강이 불가피했다. 더욱이 많은 이의 이용이 예상되는 전시시설이기 때문에 구조의 안정성은 매우 중요한 요소이다. 이를 위하여 기존 구조의 보강을 포함한 세심한 계획이 수반되었으며 이는 건물 내부만의 문제가 아니라 외부의 조성 원칙에도 적용되었다. 건물 주변과 마당을 두껍게 복토하여 유적이 비

바람에 휩쓸리지 않게 하였고 사람의 손도 타지 않도록 했다. 학교 주변은 물론 운동장과 구릉지의 모든 영역이 수많은 사금파리로 가득한 소중한 곳이기 때문이다.

보존을 위해 다시 흙으로 덮은 운동장과 단정한 전나무의 열식 그리고 뒷산으로 이어지는 흐름 위에 금속의 외피로 감싸진 매스가 묵묵히 얹혀 있다. 분원을 대표하는 '철화백자 용문호'를 상징하며 수장고를 의미하는 덩어리 개념의 단일 매스에 자연스러운 부식과 변화를 시간의 흐름과 함께 하는 재료인 코르텐 강판을 적용하였다. 백자를 이미지를 닮고자 한 외관은 입구부 외에는 다른 개구부를 갖지 않도록 계획하였고 코르텐 강판에 촘촘히 난 구멍은 도자기가 살아 숨쉬듯 느껴지게 하였으며 이 공극을 통하여 인지되는 당초의 외벽은 이 건물이 리모델링임을 짐작케 하고자 하는 의도를 갖고 있다. 그리고 외벽의 면을 분할하는 강한 사선들은 파손된 백자인 도편을 형상화 한 것으로 그 선은 다른 면으로 계속 이어져 하나의 전개도를 형성하도록 계획하였다.

입구로 들어서면 바닥에 설치된 강화유리 바닥판을 통하여 분원에서 출토된 사금파리들이 가득 채워져 있는 것을 볼 수 있게 하여 이 곳이 출토의 현장임을 자연스럽게 알리고자 하였다. 내부 공간은 기존 교실과 복도를 없애고 하나의 공간으로 만들었다. 최소한의 공간 변화를 주면서, 사무실, 세미나실 등을 중층으로 배치하고 나머지 부분은 하나의 전시공간으로 구성하였다.

분원 백자관은 300년 이상 왕가의 도자기를 만들던 터를 재발굴해내고 있는 장소에 세워진 작은 기념 전시관이다. 이 작업은 발주처의 기대처럼 달항아리 백자로 표현되는 옛 도자 유물들을 전시하는 곳이 아니다. 오히려 이곳에서 기억되어야 할 것은 그것들을 만들던 터에 각인된 수많은 도공들의 노동과 함께 이곳에서 발굴되고 있는 가마터와 도자 파편들이다. 발굴 터의 특성 상 절대로 남아있는 학교의 윤곽선을 벗어나서는 안 된다는 조건이 있었다. 또한 이곳을 점유하며 근대식 교육을 시작했던 모든 기억들 또한 존중될 필요가 있다고 보았다. 그러한 전제들이 부러 보존시킨 줄지어선 소나무와 함께 박물관의 외피에 균열과 흔적으로 남게 된다.

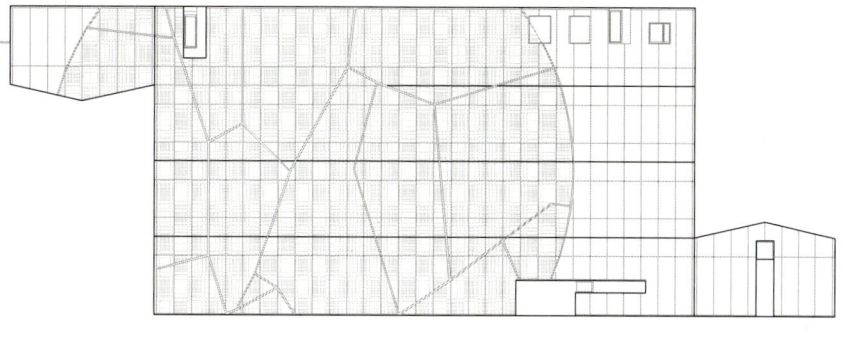

전개도

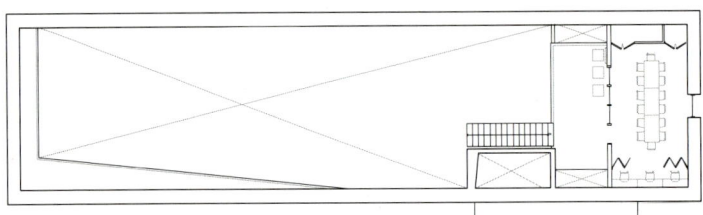

지상2층 평면도

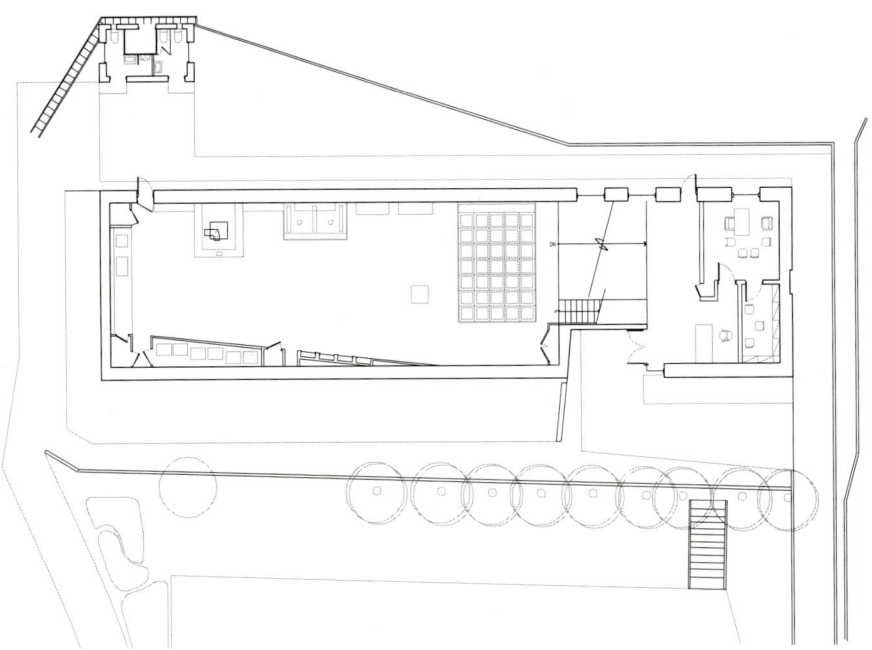

지상1층 평면도

설계연도   2003
대지위치   서울시 중구 정동 32-1 이화여자고등학교
건축규모   지하3층 / 지상5층
연면적   9,486.65m²

2003
[이화여고 100주년기념관]
Ewha 100th Memorial Hall

하나의 도시적 장소에는 시간의 종축을 따라 겹겹의 사연들이 포개어져 있다. 그들 중 의미를 지닌 것들이 계열화되어 오늘 우리에게 장소의 내력으로 남겨져 온다. 또한 하나의 도시적 장소에는 인공의 환경과 환경 사이에 또는 그것과 자연 사이에 생성되는 현상들이 흩어져 있다. 그들 중 우리의 감성을 파고드는 현상들이 도시의 일상과 결합되어질 때, 그 때 도시의 삶은 비로소 어떤 '거주'의 차원으로 나아가게 된다. 진정한 도시 읽기, 장소 읽기란 이 두 가지의 요소, 그 장소의 내력과 그 장소의 현상을 이해하고 체험하는 일에 대한 매우 균형 있는 태도를 필요  로 하는 작업이다. 또한 장소에 대한 읽기를 넘어서서 앞으로의 장소에 대한 실천을 향해 나아가야만 하는 우리들의 과제는 그와 같은 균형 있는 태도를 바탕으로 한 더욱 섬세한 과정을 겪어나가야 하는 것이며 우리는 이를 가리켜 [장소의 미시정치: micropolitics of place]라 부르기도 한다.
장소에 흩어져 있는 현상들을 우리의 일상과 결합시키기 위해서는 항상 깨어있는 열린 감성을 필요로 한다. 하지만 장소에 포개져 있는 사연들을 오늘의 의미로 살아 남기기 위해서는 먼저 시간의 종축을 따라 움직이는 일정한 학습을 필요로 하게된다.

정동은 현재 매우 시끄럽다. 미국대사관과 직원 숙소 건립문제가 첨예한 이슈로 되어있다. 그 이외에도 최근 러시아 대사관이 우악스럽게 들어섰고 캐나다 대사관도 신축을 서두르고 있다. 구한말 열강들이 이 곳에 들어서기 시작한 이후 이 나라와 외부세계 사이의 접촉의 극점으로 여전히 작용하고 있다. 그것이 오늘 날 그렇게 시끄러운 이유는 경운궁(지금의 덕수궁)이 이곳에 자리했기 때문으로 되어있다. 미 대사관의 숙소 자리도 경운궁 시절 어진을 봉안했던 선원전 자리란다. 이 싸움은 언뜻 외부로부터의 힘(원심적인)과 내부로부터의 힘(구심적인)힘 사이의 싸움으로 비춰진다. 그런데 사실 조금 더 이 지역을 들여다보면 그와 같은 외부로부터의 힘에는 정치외교와 연관된 세력말고도 교육(배재와 이화학당), 종교(감리교, 천주교, 성공회 그리고 구세군)등의 힘이 뒤를 이어 들어와 앉았음을 알 수 있다. 그리고 이들 종교와 교육의 힘들은 이미 상당 부분 토착화의 과정을 겪어왔으며 어느 결에 이미우리 옆에 친숙하게 자리하고 있다. 한 편 도시가 점점 시민사회의 도시로 넘어가면서 이 지역에는 적지 않은 문화시설들이 함께 자리해 나가고 있다. 정동극장이 들어섰고 대법원은 시립미술관으로 바뀌었다. 과거 문화방송 건물은 멀티플렉스 극장으로, 문화체육관과 ccc회관도 공연장으로 바뀌었다. 시청 별관도 아마 적절한 문화적인 프로그램으로 바뀌지 않으면 안될 것이다. 몇 개의 공원이 생겼고 덕수궁 길이 새로이 단장되었다. 이와 같은 일련의 흐름들은 위에 언급한 외부로부터의 힘과 내부로부터의 구심적인 힘들과는 또 다른 세 번째의 힘이다. 그리고 달리 표현하면 시민사회의 권력이라 말할 수 있다. 오늘 날 정동에는 이러한 세 가지의 힘(권력)들이 서로 다툼을 벌려 나가고 있다해도 과언이 아니며 나는 그 다툼이 방향을 올바로 잡으면 정동이라는 이 지역의 독특한 성격을 아주 의미 있게 만들어 나갈 것이라 판단한다.

이화학당은 1886년 이 곳에 자리를 잡았다. 미국 공사관이 이 지역에 설치된 지 3년 후이며 고종이 러시아 공사관으로 피신하기 10년 전이다. 이화라는 고종이 하사한 교명을 갖고 있으며 오늘 날 이화여대를 분리해 가게 한 모태이다. 설립자 스크랜턴은 근대적인 여성을 길러내겠다는 목표가 분명했고 미국 감리교의 학풍은 언제나 리버럴했다. 한 해 먼저 설립된 배재 학당이 이 지역을 빠져나간 후에도 이화는 이 지역을 지키며 유관순 기념관과 그 유명한 야외음악당을 통해 한 때 장안의 유수한 문화시설로서의 역할도 해 주었다. 그런 학교에서 100주년 기념관을 짓겠다고 했다. 문화시설의 프로그램이 절반을 차지하는 지명현상이 발표되었을 때 이미 해답은 나왔다. 지역의 특성, 학교와 도시와의 관계, 정동길의 미래가 그 해답이었다. 정동지역에 대한 새삼스러운 스터디가 시작되었고 계획의 모든 원칙들은 그 기준들에 의해 결정되어나갔다. 문화적인 시설들은 한 데 묶여 정동길과 새로운 마당을 사이에 두고 결합되었다. 학교와는 학교대로의 연결고리들이 만들어졌다. 발상의 빌미를 준 학교의 정책이 훌륭하고 지역에 또 하나의 충동을 일으킬 시설들에 기대를 건다.

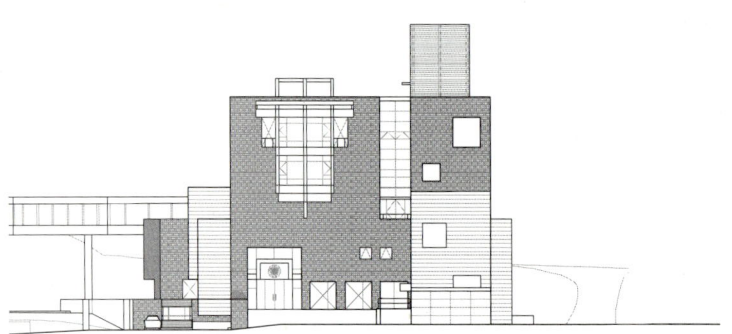

가로측 정면도(북동)

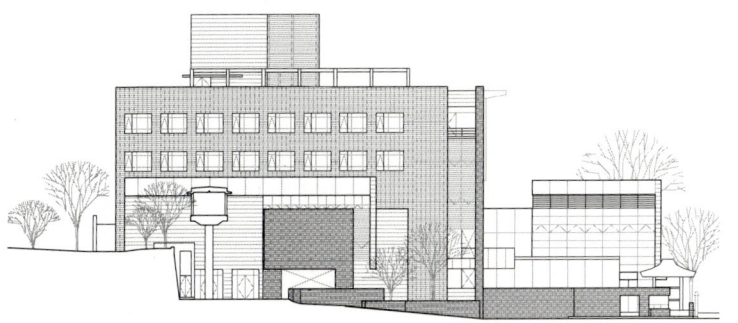

학교측 정면도(남동)

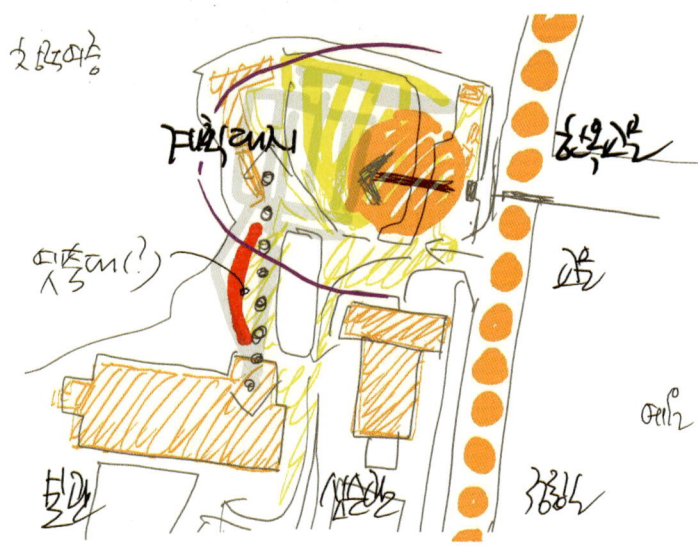

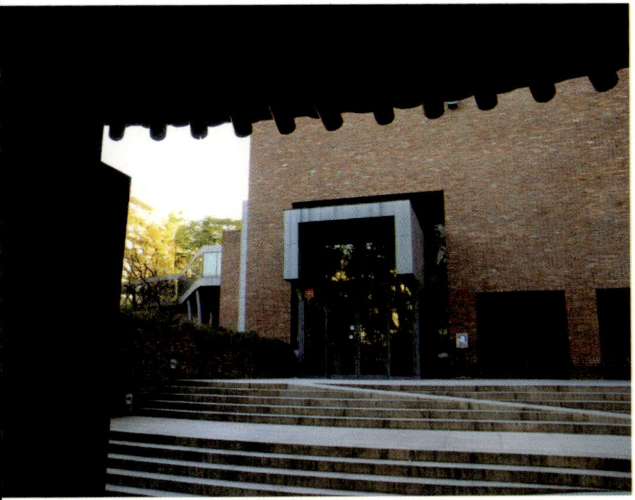

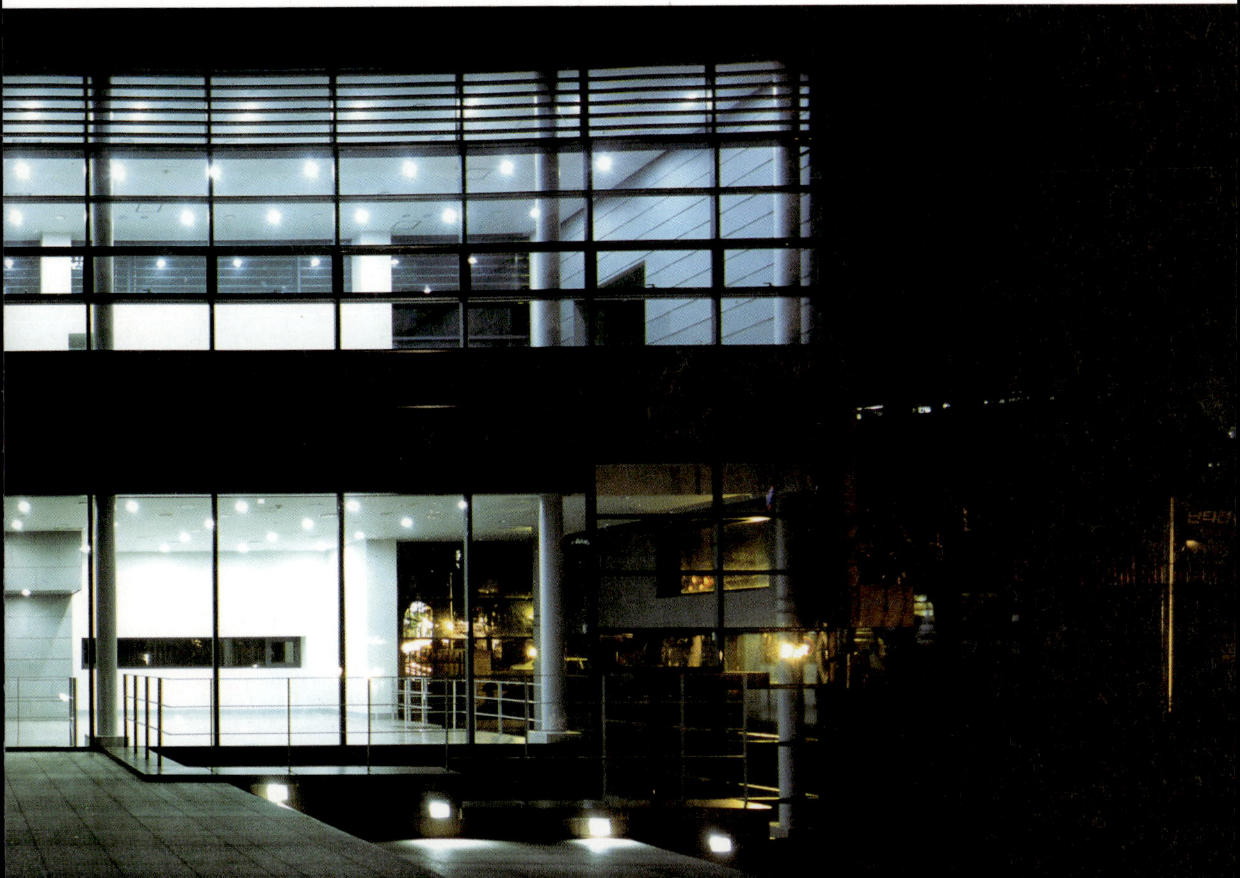

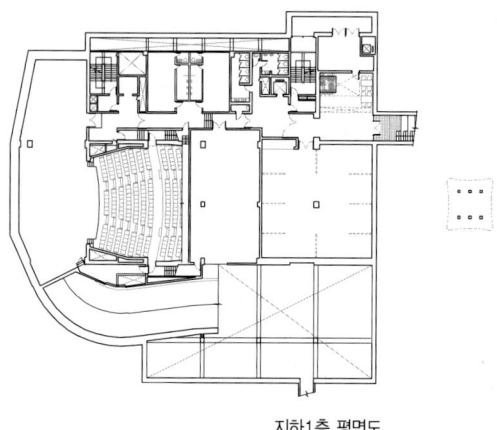

지하1층 평면도

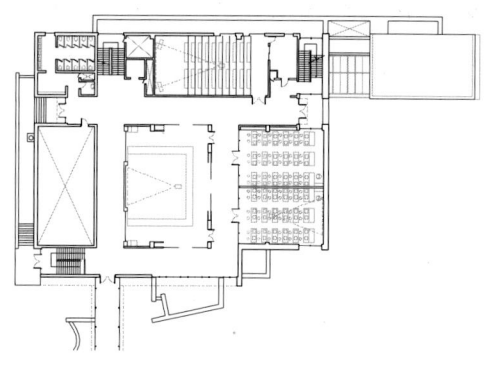

지상3층 평면도

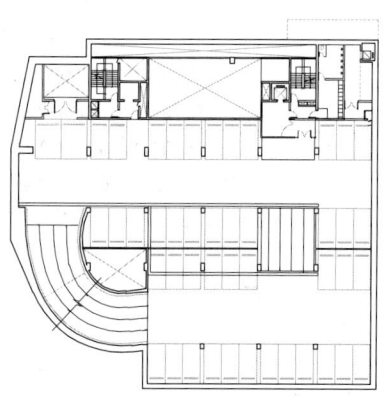

지하2층 평면도

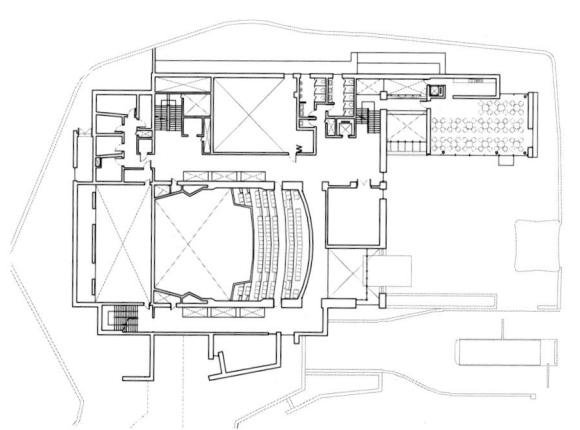

지상2층 평면도

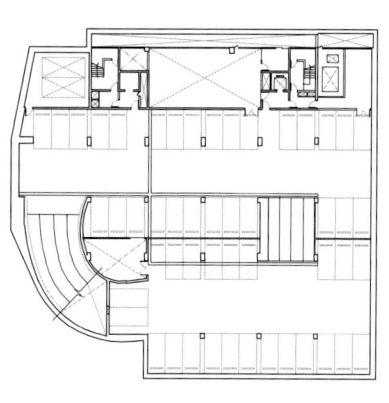

지하3층 평면도

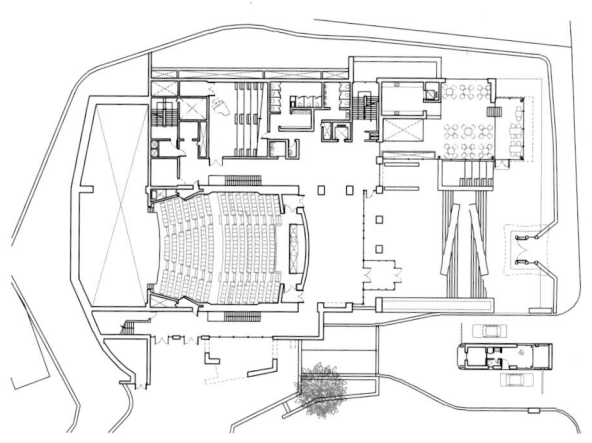

지상1층 평면도

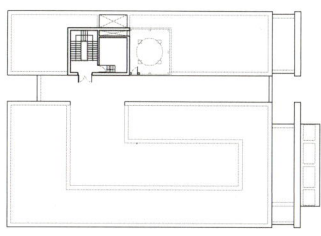

지붕 평면도

지상 5층 평면도

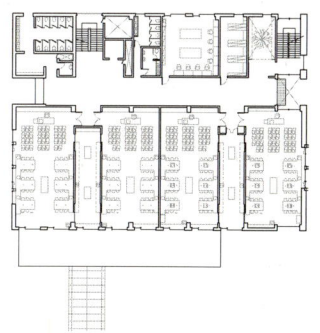

지상 4층 평면도

145
ARCHITECT ※ YI, JONGHO

설계연도 2003
대지위치 경기도 파주시 탄현면 예술마을 헤이리 522
건축규모 지하1층 / 지상3층
연면적 483.34m²

2003
[헤이리 리앤박갤러리]
Heyri Lee&Park Gallery

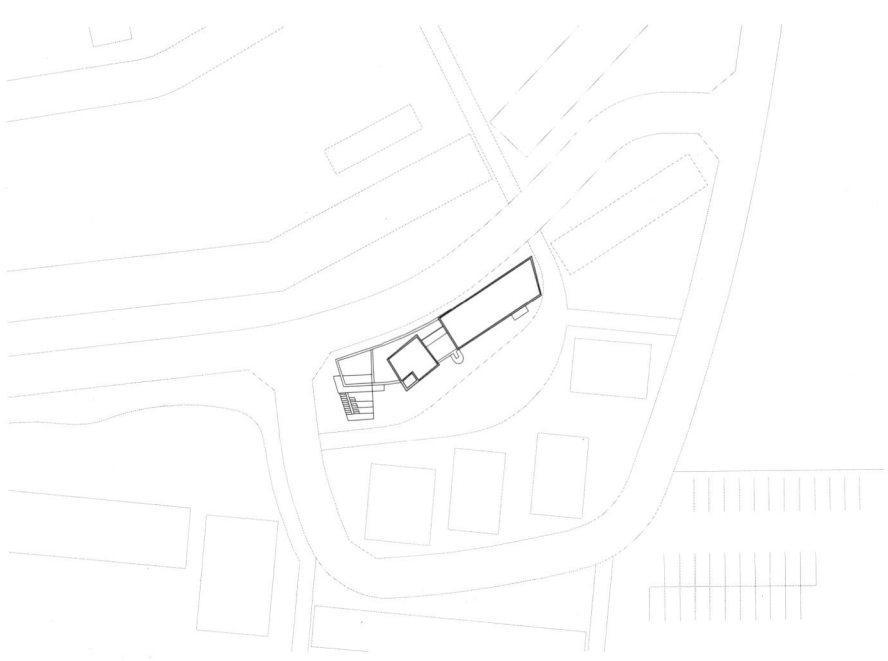

몇 개의 필지들이 함께 공유하는 작은 외부공간에 면한 장소다. 한 언론인과 언론인이자 여성운동가인 부부가 작은 갤러리를 가진 집을 만들었다. 그에 더해 건축가는 운동을 위한 아지트 하나를 더 권했다. 모든 층들은 내부에서 통하지 않으며 서로 독립적이다. 갤러리는 손바닥만한 그림들이 전시되며 그 까닭으로 한 때 장(掌)편 갤러리란 이름을 가졌다. 지하의 아지트는 활동가들이 잠시 진을 칠 수 있는 환경이 마당과 함께 마련되어 있다. 2,3층의 주택은 그 자체가 독립적이며 그 중에도 서재는 또 분리되어 훗날 은퇴 후에도 집으로부터 출퇴근 한다. 아이들마저 다 떠나면 3층의 공간은 다 합쳐져 사람 좋아하는 이들 부부의 삶이 그려질 넓은 공간이 될 것이다. 집이 삶을 조직하는가 아니면 그 반대인가? 집이 삶을 조직한다고 믿기에는 그런 결정론이 마음에 닿지를 않는다. 적어도 이 집에서는 삶이 집을 만든 것이 틀림없으며 앞으로도 그럴 것이다. 다가올 수많은 생성을 위해 집이, 건축가가 우선 먼저 해야 할 일은 듣고, 보고 말거는 일이며 그 생성의 시작을 위한 판을 조심스레 엮어놓는 일이다. 1층의 콘크리트 덩어리 위에 철골이 얹어 진 혼 구조다. 그 틀 위에 나무가 덧씌워져 있다. 만일 어느 날 다른 이야기를 나누게 된다면 벽이, 창이 변화할 수도 있다. 점점 소란스러워지는 헤이리에서 시간 속의 여러 풍경들을 달리 붙잡아 볼 여지를 생각하지 않을 수 없다. 지금은 집이 가진 여러 틈 속에서 달과 바람과 그것들이 내는 소리를 붙잡고 있지만 말이다.

건축주의 상황과 대지의 여건으로 분할되는 영역은 층으로 구분하였고 서로 독립적인 적층의 개념으로 접근하였다.

계획의 진행에 중요한 원칙을 세운다.

> 모든 층들은 내부에서 통하지 않으며 서로 독립적이다.
> 지하의 공간은 여성운동가인 부부를 위한 환경으로 마당과 함께 마련되어 있다.
> 2, 3층은 주택이고 그 자체로 독립적이다.
> 공간의 본체는 존재하지 않는다.
> 비결정성의 상자
> 모든 것은 결정 불가능한 상황이다.

상기의 원칙을 주요 개념으로 서로 독립적인 3개의 틀 속에서 외부의 환경에서 이어지는 자연의 흐름을 건축 내부로 관통시켰다.

두 개의 나무 상자가 1층 콘크리트 매스 위에 올라가 있는 모습을 취하고 2, 3층은 사택과 게스트 하우스가 있는 독립적인 공간이며, 1층 콘크리트 덩어리 위에 철골을 얹고 그 틀 위에 나무를 덧씌운 복합 구조를 적용하였다. 배치의 형태는 전체적으로 휘어진 곡선을 취하여 건축주의 여성적 취향과 부드러움이 입면의 강한 직선과 대조를 이루며 조화롭게 어우러지기를 기대하였다. 휘어진 도로에 접한 특성으로 조금씩 틀어진 다면체로 구성되는 매스는 시각적으로 경험하는 각도에 따라 다채롭고 역동적인 모습을 갖게 된다. 특히 3층에 위치하는 게스트하우스는 별동의 개념으로 연결통로로 이어지며 이러한 이미지가 외부에서도 인지되도록 매스를 분리하여 전체적 균형을 조율하였다. 그리고 별도의 진입으로 이용하는 지하층은 작은 선큰마당을 가지며 상부와는 또 다른 독특한 환경의 독립적 공간으로 제안한다.

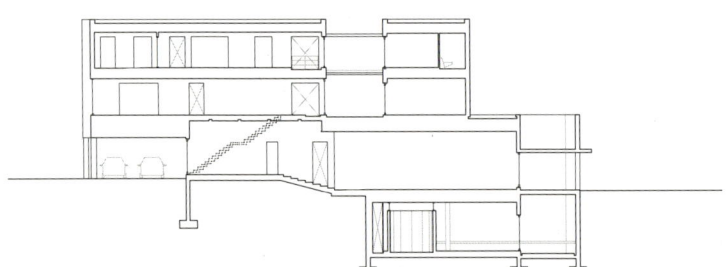

단면도

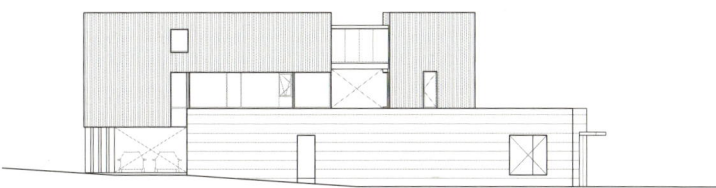

입면도

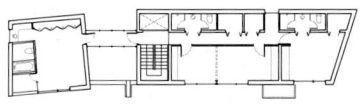

지상3층 평면도

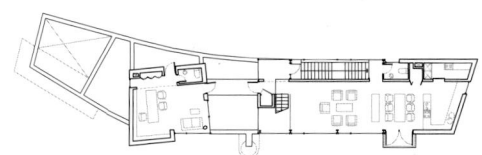

지상2층 평면도

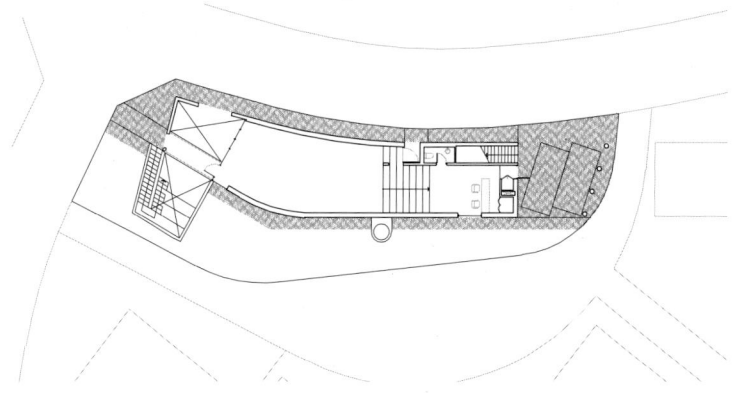

지상1층 평면도

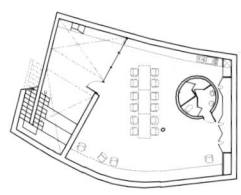

지하1층 평면도

설계연도 2004
대지위치 경기도 파주시 문발동 파주출판단지 498-11
건축규모 지하1층 / 지상4층
연면적   1,648.39m²

2004
[보리출판사]
Bori Publishing Building

보리출판사의 책들은 매우 훌륭하고 의미 깊다. 특히 책 속의 일러스트레이션은 섬세한 세밀화로써 그 하나 하나가 독립적인 작품들이다. 그들의 작업은 책 이상으로 근사하다. 일종의 공동체이다. 그 이면의 정신은 보리출판사의 설립자인 윤구병 선생에게서 나온다. 윤 선생은 강단 철학자의 자리를 박차고 나와 전북 부안의 공동체 운동을 일으키고, 이끌고 있는 분이다. 그 정신과 더불어 출판을 위한 내부의 체제 그리고 그들의 협력자와의 협동들 모두다 하나의 commune 처럼 움직이고 있다.

모든 것은 건축가에게 맡겨져 있었으나 단 한 가지 낯선 요구사항이 있었고 양보하지 않는 요구사항이었다. "단지내의 상자 같은 건물들이 보리출판사의 정서와는 맞지 않는다고 생각한다." 방법은?

단지 내에서 가장 긴 직선도로가 있다. 10m 도로 양편으로 Book Shelf Type의 15m 높이의 선형 BLOCK 이다. 그 끝에 길이 휘어지는 곳에 대지가있다. 호수를 뒤로하고 비껴 앉아 있다. 어느 곳으로부터도 비스듬히 Oblique의 장면을 만든다. 보리출판사 대지의 유형은 거젤 타입의 박스이다. 그렇다면 대지를 잘못 선택한 셈이다.

거젤 타입은 대지로부터 떠올라야 한다. 상자가 싫다는 발주 측의 정서는 무시할 수도 있다. 하지만 내가 그들의 작업을 존중하고 이해하는 범위 내에서는 그와 같은 요청 또한 존중하지 않을 이유가 없다. 하늘에서 보았을 때의 상자는 온갖 위치로부터의 oblique한 장면에서 상자가 아닐 수도 있다. 대지의 조건과 프로그램, 특히 각 층의 업무 공간들이 하나의 commune을 이루기 위해 가능한 한 전체로서 통합되어야 할 필요에 따라 몇 개의 원칙을 세운다.

가볍게 떠올려진 판. 떠올라 접혀진 판. 접혀져 기울어진 판. 그럼으로써 판과 판사이의 내부공간들은 가능한 한 연속적일 수 있다. 그 연속적인 흐름들은 지붕판 상부까지 이어진다. 그곳에 도달하면 시야가 수평으로 열리고 한강 하류의 낙조가 가득 눈에 들어온다.

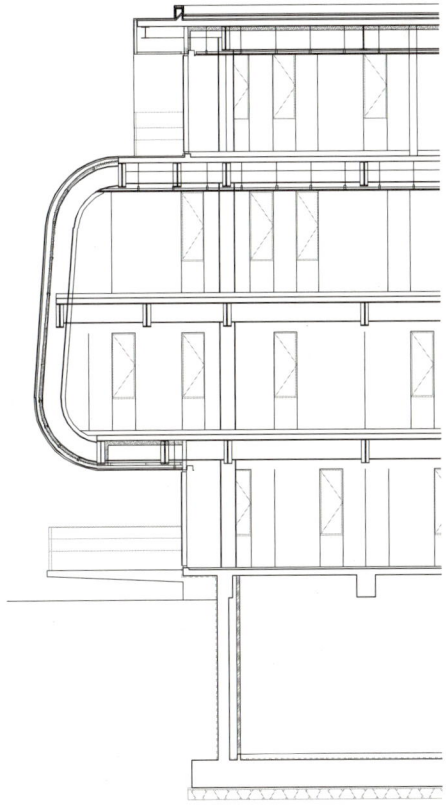

입단면 상세도

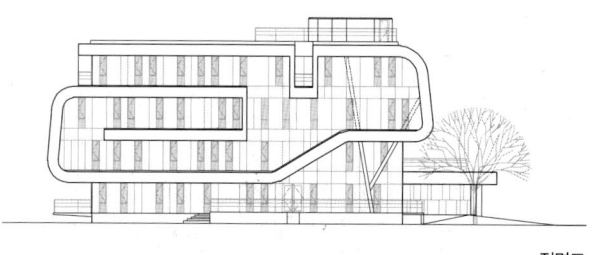

정면도

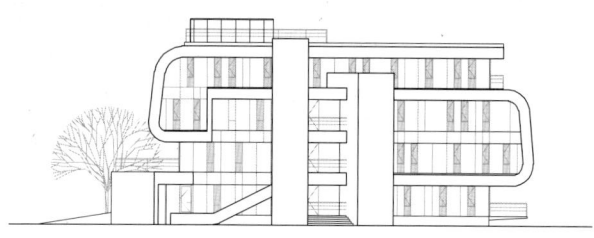

배면도

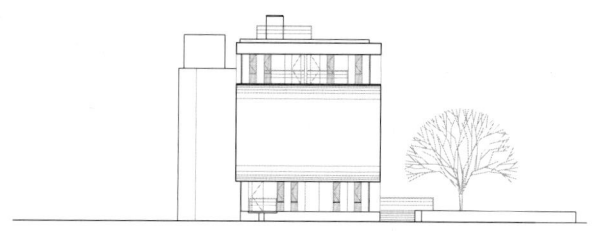

좌측면도

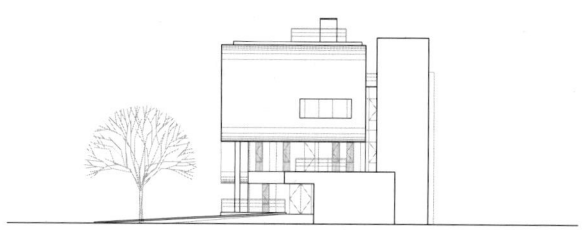

우측면도

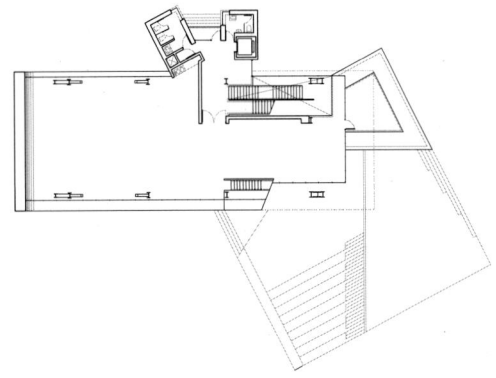

지상2층 평면도

지상4층 평면도

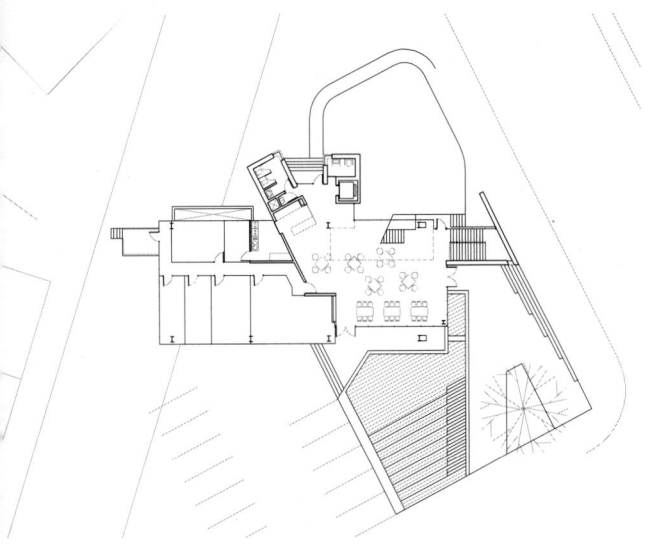

지상1층 평면도

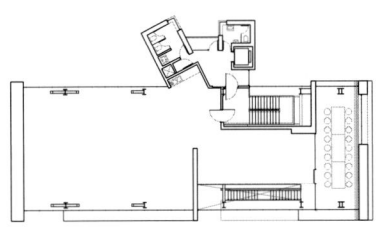

지상3층 평면도

설계연도 2004
대지위치 경기도 가평군 설악면 위곡리 117-6
건축규모 지상2층
연면적 167.38m²

2004
[설악면 주택]
Seolak Residence

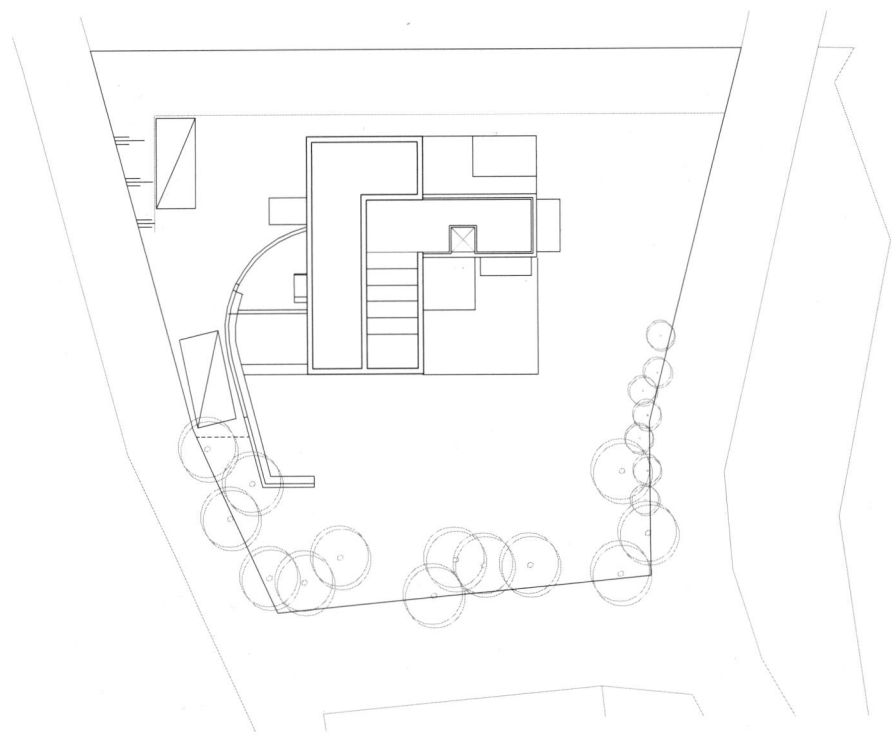

대학에서 심리학을 가르치는 어느 여교수의 의뢰로 작업을 시작하였다. 서울에서 주로 생활하는 건축주는 대학에 재학중인 아들과 둘이서 단촐한 생활을 영위하고 있었다. 큰 변화 없는 대도시에서의 생활에서 이들은 일탈을 계획한다. 일상에서 허용되는 여가시간을 서울이 아닌 장소에서 잠시나마 여유를 즐기기를 희망하였고 단순하고 소박한 공간이 꾸며지기를 주문하였다. 한달에 두세번 정도의 방문에 이삼일의 짧은 체류시간이 허용되는 이들의 생활에 작은 활력이 되는 공간을 머리에 떠올리며 몇가지 중요한 원칙을 정하였다.

부지는 설악면의 구릉지에 형성된 작은 주택단지의 안쪽에 위치하고 있다. 비교적 높은 지형에 자리잡고 있는 탓에 마을 입구에서도 잘 보이며 상호간의 좋은 전망이 주어지는 유리한 조건을 갖는다. 비록 건축을 대상으로 하는 대지면적은 작지만 호젓한 마을의 분위기로 진입도로는 전용도로로 인지되고 남쪽으로 펼쳐지는 자연의 경관은 내 집 마당처럼 바라볼 수 있는 장점을 덤으로 갖게된다. 1층의 매스는 지형과 호흡하며 넓게 펼치고 2층의 매스는 자연과 함께 하는 오브제의 성격이 되면 좋겠다는 생각을 직감적으로 하게 된다.

전원으로 회기하는 귀향이 아니기에 제한된 면적과 공사비로 주택에서 반드시 필요한 기능만으로 공간을 구성하고 추가되는 부대시설은 과감히 포기한다. 그리고 사람들을 많이 초대하며 시설을 자랑하는 별장이 아니기에 이 둘을 위한 공간을 중심으로 계획한다. 대지가 그리 넓지 않으므로 진입로에서 연결되는 주차는 한 대로 제한하여 집 안으로 들어와서 인지되는 마당의 영역을 최대한 크게 계획하기로 한다. 간혹 있을 손님을 고려하여 거실을 넓게 구성하고 별도의 게스트룸을 두지 않으며 거실의 경우에는 서울 도심에서의 환경과는 틀리게 층고를 높게 하고 천정에 단차를 두어서 주 전망을 향하는 방향성을 유도한다. 1층은 거실과 주방으로만 구성하여 전체를 공공의 영역으로 꾸미며 주방과 거실 사이에 단차를 두어서 거실의 영역성을 강조하고 다양한 층고의 변화로 작고 개방적이지만 각 영역이 구획되는 이미지를 부여한다. 거실에서는 자연스럽게 시선이 외부로 이어지고 정원의 근경과 멀리 지형이 중첩되는 원경이 함께 보이도록 하며 도심에서 경험하기 어려운 외부공간과의 연계성을 강조한다. 주방과 식당은 히니로 구성하여 음식을 만드는 일이 거실과도 이어지도록 하며 계절이 허락하는 경우에는 야외에서의 식사가 가능하도록 식당과 이어지는 필로티를 계획하여 자연과의 교감을 유도한다.

이 두 식구는 1층에서는 서로의 행위를 공유하며 친밀도를 높이는 대신 2층에서는 각자의 독립성이 강조되조록 하는 원칙을 세운다. 비교적 여유로운 크기의 두 방은 상대적으로 긴 복도를 마주하며 최대한 이격시켜서 방 안에서의 일상이 서로에게 방해가 되지 않도록 하며 복도에서 이어지는 야외 데크는 동네 전체를 조망하는 즐거움을 선사한다. 거실 지붕에 해당되는 2층의 옥상을 계단식의 스탠드로 구성하여 거실 천정의 변화를 주고 2층 데크에서는 작은 휴식처를 조성하며 스탠드에는 시선이 차단되는 벽체를 조성하여 하늘을 향해서만 열린 작은 계단마당을 꾸민다. 이 곳에서는 외부이지만 아늑한 분위기가 형성되고 개인을 위한 독립성이 강조되는 공간으로 독서나 사색에 적합하다.

시간이 지나면서 공간에 대한 이들의 요구사항은 계속해서 변화할 것이다. 이 장소가 이들에게 끼치는 영향이 변할 것이고 사용의 빈도와 밀도가 조금씩 달라질 것이다. 모든 경우에 대응하기는 어렵지만 가급적 모든 공간은 유연하게 구성하고 확장이 가능하도록 한다.

기단의 역할을 하는 1층의 외벽은 시멘트블록을 사용하여 거친 마감을 그대로 노출시켜 지형과의 결합을 강조하고 2층의 매스는 목재 널붙이기를 사용하여 자연친화적이며 독립적인 외관을 형성시키며 목재의 널은 수직방향으로 시공하여 독특하면서도 매스의 상승감을 강조한다.

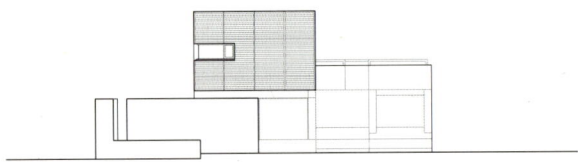

서측면도

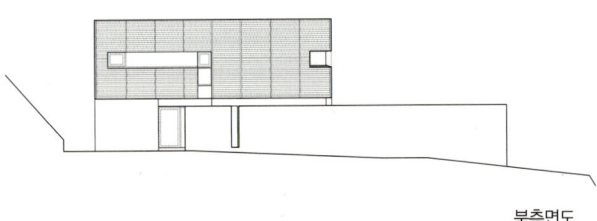

북측면도

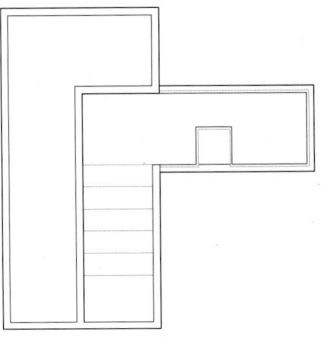

지붕 평면도

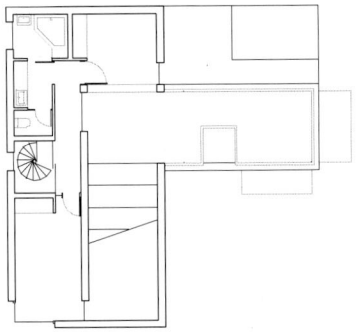

지상2층 평면도

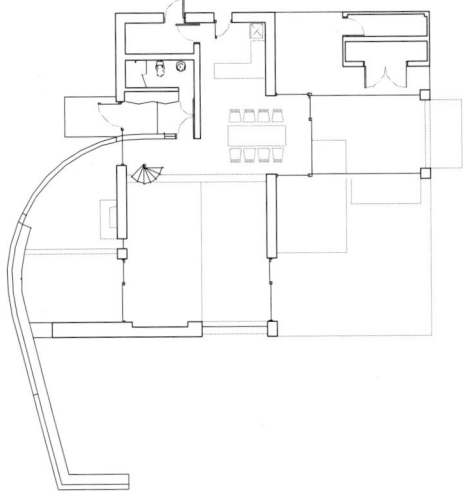

지상1층 평면도

설계연도 2004
대지위치 경기도 안양시 동안구 비산동 1152
건축규모 지하1층 / 지상3층
연면적 1,815.33m²
수상 2006 안양시건축문화상 은상

2004
[안양 강변교회]
The Independent Reformed Gangbyeon Church

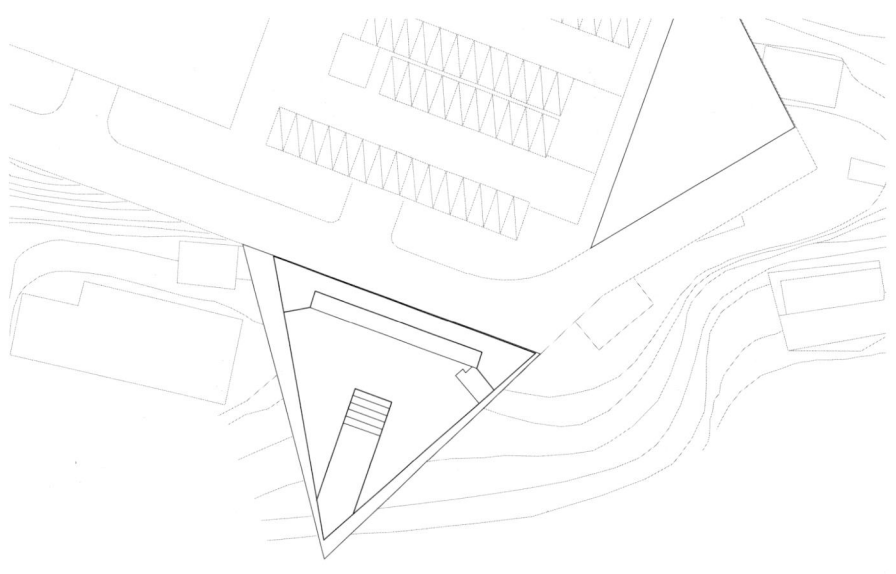

우리 시대의 개신교회

교회는 분명 '예배의 처소'다. 교회에 관련한 그 어떤 추가적인 역할이 있고 그에 따른 건축적인 기능이 부가된다 해도 예배의 처소라는 너무나 근본적인 역할이 훼손되지 않는다. 그 중에서도 개신교회는 종교개혁의 시간을 거치며 그와 같은 본질적인 역할을 되물으며 다시 태어난 공간, '예배의 처소'다. 종교개혁 이후 조금씩 의미를 달리하는 수많은 지파들이 있다 해도 이는 달라지지 않는다. 그러나 우리 시대의 개신교회에서 이와 같은 근본적인 믿음들은 때로 조금씩 흔들리고 있다. 교회의 모습과 공간에서 그러하고 예배를 이루는 전례의 모습들에서 그러하다. 단적으로 그 외양만 보아서는 그것이 카톨릭의 회당인지 또 그 반대로 여느 강당의 일부분을 옮겨 놓은 것인지 분간되지 않는다. 전자는 개혁의 의미로부터 퇴행이고 후자는 의미에 가까이 가지도 않는 일이다. 개신교회는 그 예배의 성격과 예배를 담는 처소에 관해 끊임없는 질문을 하며 계획되어야 하는 곳이다.

율전교회와 강변교회

15년 전, 강원도 오대산 자락에 율전교회(기독교 대한 감리회)를 세웠다. 가장 낮은 곳으로부터 어떻게 성스러움을 길어 올릴 수 있을 것인가에 관한 질문으로 시작되었다. 그리 여유롭지 않은 마을의 풍경 속에 녹아들어갈 수 있는 구조와 재료로 개신교의 검박함을 조용한 성스러움으로 드러내려 했었다. 그 생각이 아직도 여운을 남기는 가운데 만나게 된 과제가 [독립개신교회 강변교회]였다. 독립개신교회는 나에게 익숙한 대한 예수교 장로회에 그 뿌리를 둔다. 이 교단의 목회자와 성도들 중 그 누구도 그 뿌리와 뿌리로 부터의 변화에 대해 소리 높여 이유를 달며 자신들이 존재이유를 강변하지 않는다. 그저 묵묵히 개신교인으로서의 자세와 목회 그리고 교회생활을 보여줄 뿐이다. 나에게는 충분히 그러한 모습들 모두가 끊임없이 지속되는 종교적 성찰의 자세로 다가온다. 나는 가장 아름다운 개신교의 예배를 경험할 수 있었다. 강변교회의 설계는 그와 같은 기쁨으로 시작되었다.

자투리의 삼각형 땅

넉넉지 않은 교회형편에서 준비한 땅은 주거환경 개선지구에서 잘라져 나온 묘한 삼각형이다. 아파트를 먼저 배치하고 남은 소위 자투리땅이다. 그러나 땅이 가진 한계가 건축의 한계로 되는 일은 그 어떤 경우에서도 없다. 한계는 곧 성질이며 동시에 잠재력이다. 건축가의 할 일은 그러한 잠재력(virtuality)을 현실화(actualize)일에 다름 아니기 때문이다. 오히려 한계가 있으면 있을수록 그것은 그 대지가 가질 수 있는 잠재력을 압박하며 키워내는 일이 된다. 강변교회는 이 삼각형 땅이 감추고 있는 잠재력을 발견해 내기 위해 먼저 우리의 작업에서는 흔치 않은 일이었던 기하학을 도입한다. 그리고 대지가 가진 위치의 잠재력, 관악산 그린벨트의 숲과 무성한 아파트의 숲이 만나는 지점에서 가능한 사고를 시작한다.

경사로의 연장으로서의 길

대지에 이르는 긴 경사로가 있다. 그 경사로가 교회의 내부에서 또 다른 길로 만난다. 그 길은 넓지 않은 교회 내부에서 공공공간이 된다.

세 개의 삼각형

교화 내부의 길에 면해 세 개의 크고 작은 삼각형이 있다. 맨 아래층 하나는 작은 집회실이다. 그 위층 하나는 예배당이다. 그리고 마지막 옥상에는 이 장소를 가장 극적으로 표현하고 경험케 해주는 동시에 가장 하늘과, 자연에 가까운 삼각형이 있다. 계단으로 이루어진 길과 이 세계의 장소들이 교회의 전부다.

풍경

십자가조차 요구하지 않는 독립개신교단 교회의 풍경은 지극히 일상적이다. 소위 '교회'스럽지 않으려 한다. 주변의 아파트와 학교의 풍경에서 크게 다르지 않다. 안으로부터의 풍경 또한 앞에 있는 주차장과 아파트를 애써 외면하지 않는다. 그러나 옥상에 있는 삼각형이 장소에 서면 이 대지의 근원적인 장소성이 가진 풍경에 대해 그 장소의 경험으로 웅변하려 한다.

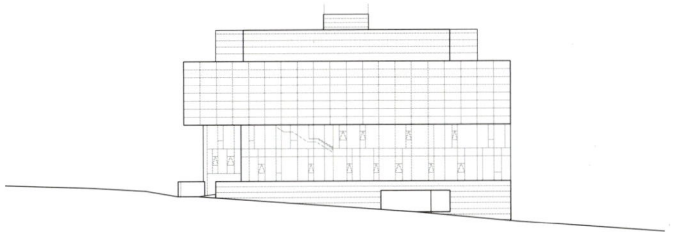

입면도-1

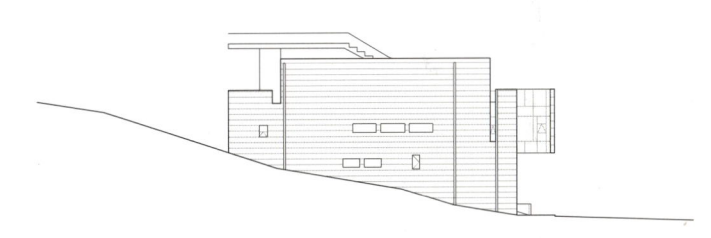

입면도-2

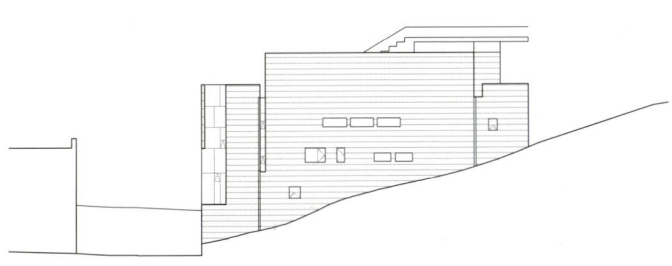

입면도-3

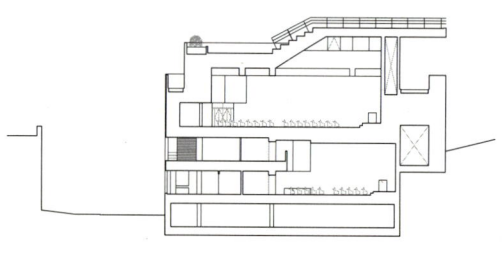

단면도-1

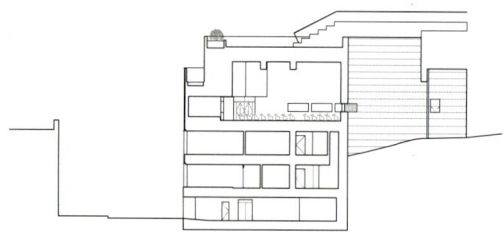

단면도-2

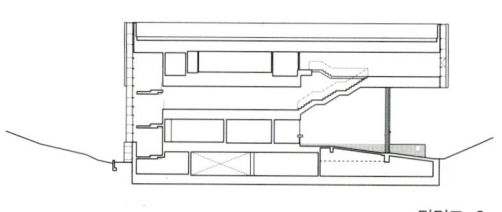

단면도-3

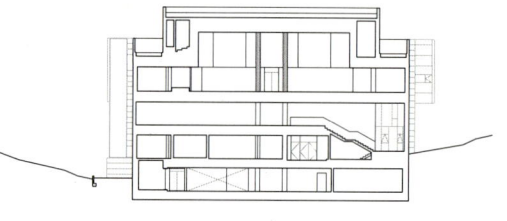

단면도-4

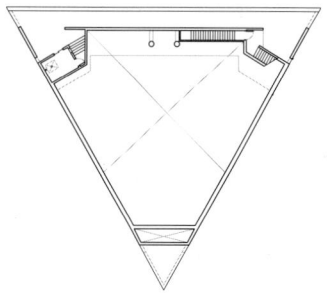

지상4층 평면도

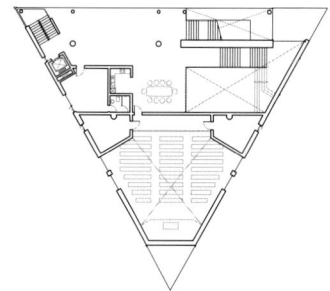

지상2층 평면도

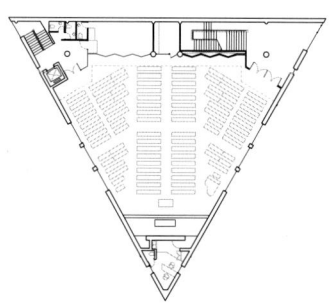

지상3층 평면도

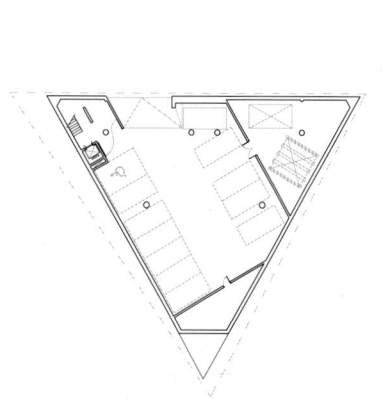

지하1층 평면도

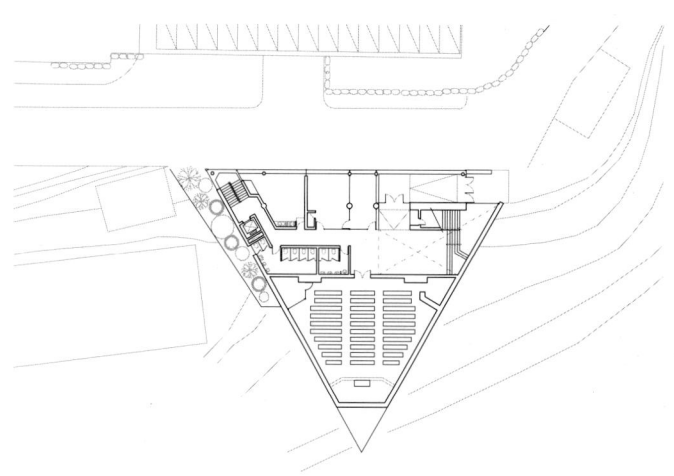

지상1층 평면도

[감자꽃 스튜디오]
Potato Blossom Studio

설계연도　2004
대지위치　강원도 평창군 평창읍 이곡리 333 노산분교
건축규모　지상2층
연면적　　690.94m²

2004
[감자꽃 스튜디오]
Potato Blossom Studio

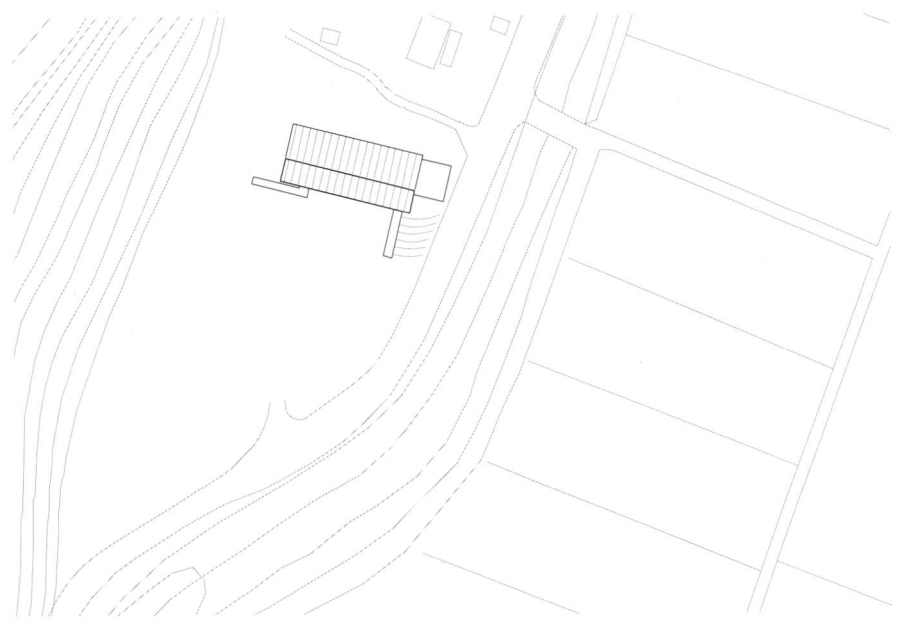

서울에서 문화기획사를 운영하고 있는 건축주는 수년전부터 이곳에서 생활해 왔으며 이곳이 지역문화 활성화에 이바지할 수 있는 실험적 공간이 되기를 바랬다. 이에 저층부에는 옥수수박물관과 어린이 도서관과 같은 공공적 프로그램들을 제안하였고 2층부에는 창작활동을 해나갈 수 있는 창작스튜디오와 숙소를 제안하였다. 기존학교의 새로운 외관을 원하는 건축주의 요구는 기존학교 전면에 새로운 스킨을 씌우고 자연 온열방식(Passive Solor System)에 의해 작동되는 공간으로 수용되었다.

총공사비 2억2천만원이라는 적은 예산으로 처음에 의도하였던 디자인이 여러번 대폭적으로 수정되었다. 전면부에 사용되는 폴리카보네이트의 재질변경과 건물곳곳의 마감부분에 손을댈 수 없게된 점이 가장 큰 아쉬움으로 남아있다.

입면도-1

입면도-2

입면도-3

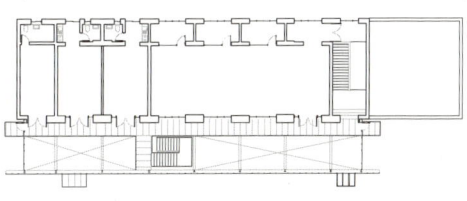

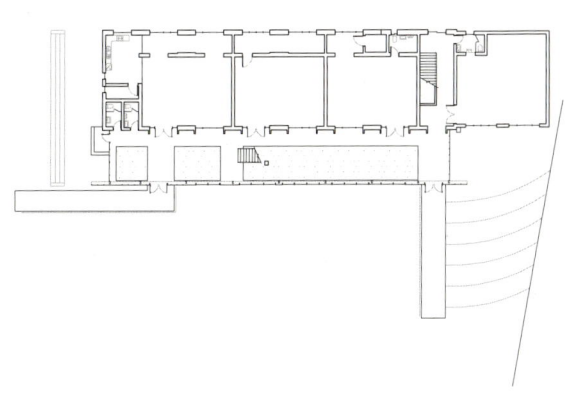

지상1층 평면도   지상2층 평면도

설계연도　2012
대지위치　강원도 평창군 평창읍 이곡리 333 노산분교
건축규모　지상1층
연면적　　222.72m²

2012
[감자꽃스튜디오_ 마을회관증축]
Center for Creative Community

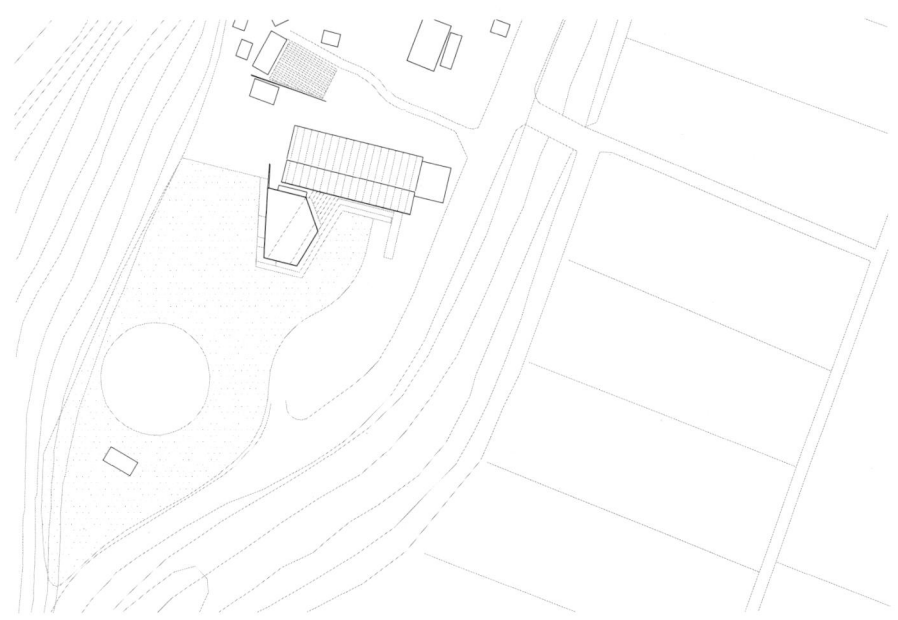

지난 수년간 평창군 폐교를 활용하여 지역 문화/예술의 장으로 운영되어 온 감자꽃 스튜디오에서 새로운 마을 자체 사업으로 진행 할 공간의 증축을 제안해 왔다. 지역의 문화/예술 활동이 1기때의 주된 사업이었다면 새롭게 증축될 공간은 2기 사업으로 마을의 자립경제 발전방향에 기초적 역할을 수행하게 될 것이다.

현재 한국의 열악한 농촌현실 속에서 스스로 자족성을 확보해 나간다는 것은 지속가능한 농촌마을의 모델이 될 것이고 그 사업에 기초가 될 소박한 이 프로젝트는 흔히 농촌에서 벌어지는 문화회관, 마을펜션, 잡초들만 무성한 공원같은 수동적이지 않는 항상 마을과 함께 호흡하면서 진화되어 가는 마을의 공동체가 될 것이다.

기존의 스튜디오는 공연 및 교육 프로그램들로 특화되고 새롭게 들어설 건물(가칭 마을회관)은 지역개발상품 전시 및 판매장 혹은 말 그대로 마을주민들 자체적으로 운영할 수 있는 프로그램이 들어갈 것이다. 지방의 한정적 예산속에서 마을회관 증축과 동시에 기존 스튜디오 보수공사까지 병행해야 하는 접은 쉽지 않은 작업이었다. 기존 스튜디오 마루바닥 교체 및 숙소 단열 보수공사에 차질이 생기게 된 것이 아쉬움으로 남는다.

건축주가 요청한 마을회관의 위치는 기존 건물 도서관 상부 2층 공간의 교실크기 한칸 이었다. 하지만 기존 건물과의 공간적 분할, 마을주민들의 접근성 용이, 운동장과 연계되는 프로그램 등을 고려했을 때 별동으로 계획하는 것이 적합했다. 또한 운동장과 마을도로의 3M 이상되는 레벨차이 간의 긴장적 이완을 위해서라도 스튜디오 입구, 마을회관, 운동장, 도로의 접점에 위치하는 것이 타당해 보였다.

이 계획은 지상층은 스튜디오와 운동장을 연계하는 역할을 하며 옥상은 녹지로 조성하여 무미건조한 아스팔트 도로 옆에서 가끔씩 여유를 갖는 공간이 될 것이다.

계획안은 순탄하게 이루어졌지만 이 건물의 운명을 결정짓는 문제가 발생하였다. 이 땅은 우리의 계획안을 받아들이지 않았다. 하천과 도로에 인접한 이 건물의 땅은 복합한 지목들이 보이지않게 새겨져 있었던 것이다. 기존 스튜디오(이전의 노산분교)를 비롯한 운동장 대부분이 하천부지였던 것이다. 평창군청과 여러번 협의를 했지만 법적 규제는 어떻게 할 수가 없었다. 건축을 할 수 있는 대지는 최종적으로 위치한 그 위치에 겨우 들어갈 정도 밖에 안 되었다. 급하게 계획안을 수정해야 할 처지였지만 이 건물이 갖는 운명의 실타래를 받아들이기로 했다. 다만 다행인 것은 기존 형태를 유지하면서도 현재 위치에서 재역할을 할수 있었고 기존 운동장을 분할하여 스튜디오의 앞마당과 주차공간을 명확하게 구분 지을 수 있었던 것이다.

비록 이러한 운명에 놓이게 되었지만 건축주인 훌륭한 문화기획자의 역량과 마을주민들의 자발적 노력으로 이곳을 아름다운 장소로 만들어 나갈 것이라고 기대한다.

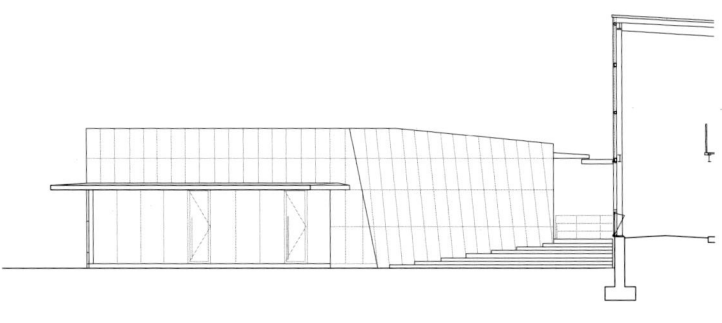

입면도-1

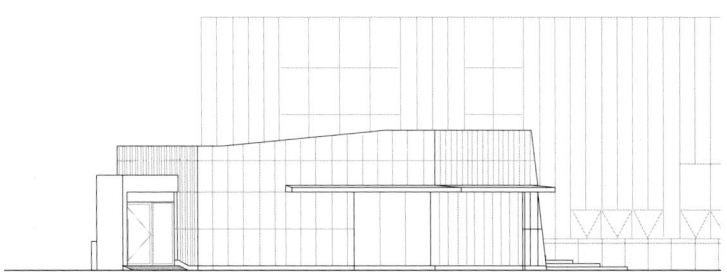

입면도-2

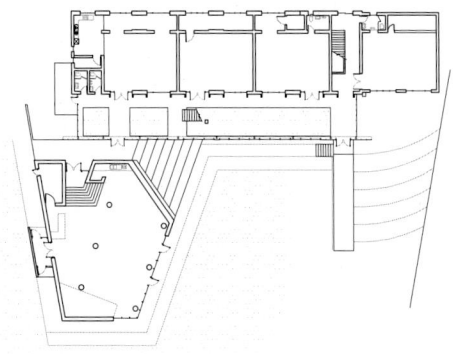

지상1층 평면도

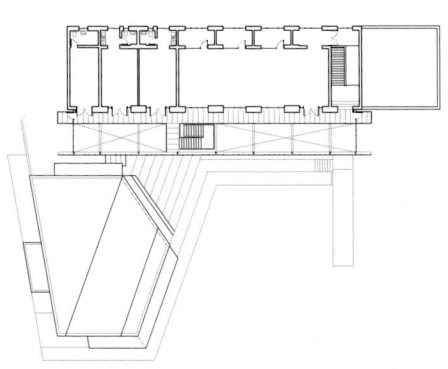

지상2층 평면도

설계연도 2005
대지위치 경기도 파주시 탄현면 예술마을 헤이리 59-77
건축규모 지하2층 / 지상3층
연면적 2,664.64m²

2005
[아티누스]
Heyri Artinus

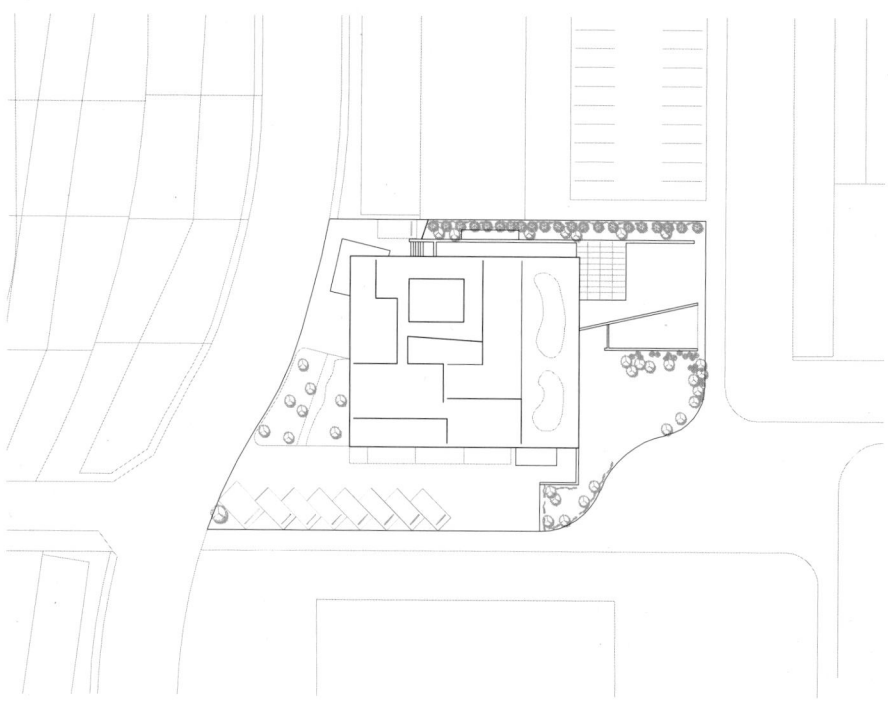

현대성 (modernity)속에서 의미가 흐르는 장소 만들기를 위해 길을 모색하는 데 있다고 믿고 있다. 그것을 위해 장소는 의미가 가득 찬 '현상적인 장소'와 전개의 과정이 계속되는 사회적 장소 사이에서 진동하며 균형을 확보하려 애쓴다. 그리고 그것은 그 이후를 기다리는 생성의 장소 – becoming place 이기를 원한다.

뭔가 어떤 사건을 기다리는 듯한 공간. 그것을 추구하고 싶었다. 무엇인가 어떤 구축물이 앞으로 무엇을 기다리게 되는가? 또 그 속에서 사람이 어떠한 일을 벌이게 되는가? 또 그 결과, 건물이 이제 하나의 건축으로서가 아니라 하나의 장소로서 어떻게 변환될 것인가? 라는 것에 대한 희망, 또는 욕망을 가지고 있다. 또한 공간의 질, 장소의 질을 어떻게 얻을 것인가에 많은 초점을 기울이고 있다. 나에게 있어서 모든 설계의 시작은 그 장소에 관한 것이라고 할 수 있을 것이다.

디자이너들이 많이 찾았던 홍대의 아티누스가 헤이리로 이전하면서 가족을 위한 복합 문화공간으로 계획되었다. 기존의 아티누스가 모던한 분위기였다면, 헤이리 아티누스는 가족이 함께 머물 수 있는 편안한 분위기이다. 총 5개 층으로 구성되어 있는 내부공간은 층마다 기능을 달리하여 특별한 작은 모임에서 자유로운 갤러리 등의 계획으로 누구에게나 열린 작은 문화마을이기를 희망하였다. 특히, 지하에는 변화하는 층고의 어린이를 위한 갤러리를 복층으로 계획하여 미로와 같은 놀이공간에서 떠들고 뛰어다니는 개방형 놀이문화 공간을 제안한다. 그리고 지하의 환경적 단점을 극복하기 위하여 넓은 선큰을 계획하여 자연채광과 자연환기가 자연스럽게 이루어지도록 하였다.

건물의 규모에 비해 거대하게 보이지 않도록 경사진 인공 구릉을 계획하여 자연친화적인 분위기를 연출하고자 하였으며 노출콘크리트와 목재루버의 적용으로 재료에서 느껴지는 이미지 또한 자연과 함께하도록 의도하였다. 입구의 영역은 높은 층고의 캔틸레버 매스의 하부를 통하여 진입하도록 하여 시설의 개방성을 강조한다. 진입하게 되면 지하와 상부층을 연결하는 넓은 계단을 마주하게 되어 층의 이동이 자유로우며 층으로 구분되는 시설이 유기적으로 결합할 수 있도록 유도하였다. 내부의 곳곳에 실제의 수목이 식재되어 자연을 내부로 끌어들이는 노력을 더한 것은 물론이다.

동측면도　　　　　　　　　　　　서측면도

남측면도　　　　　　　　　　　　　　　　　　　　북측면도

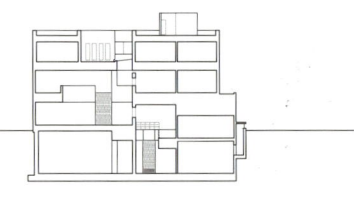

종단면도

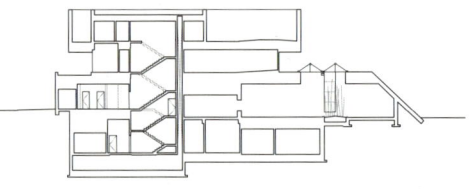

횡단면도

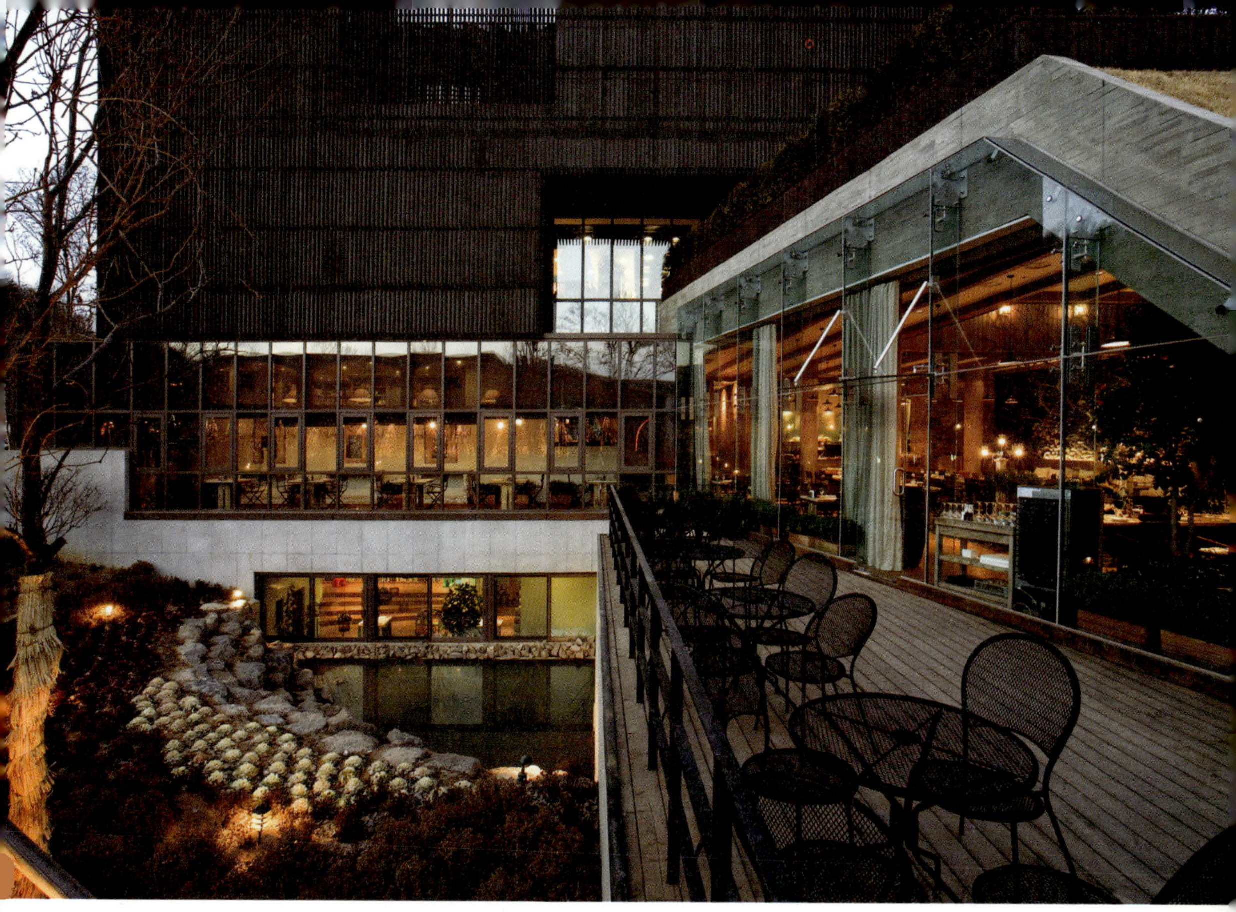

어린이 LiBRO
KIDS BOOKSTORE

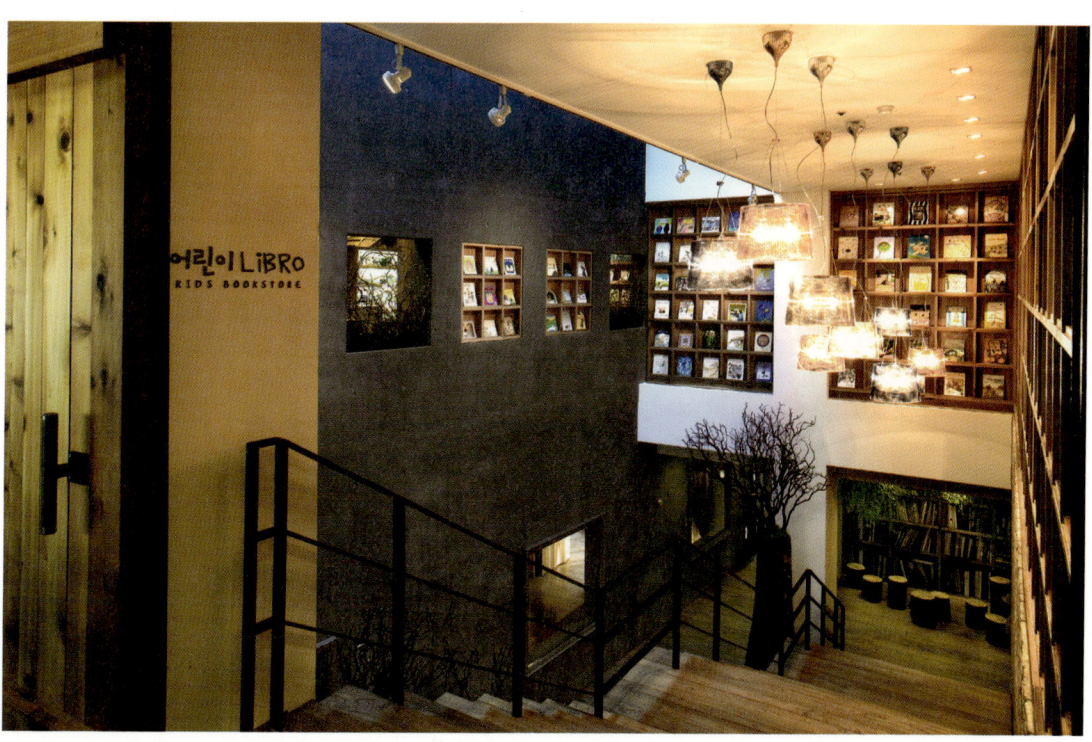

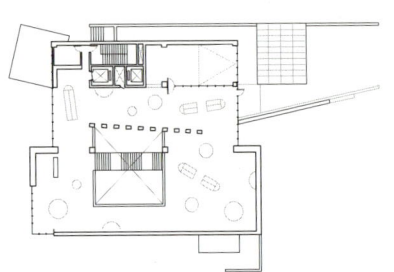

지상2층 평면도

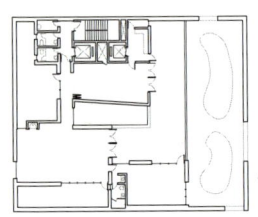

지상3층 평면도

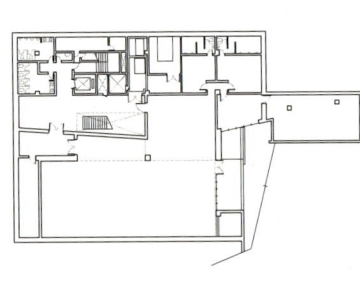

지하1층 평면도

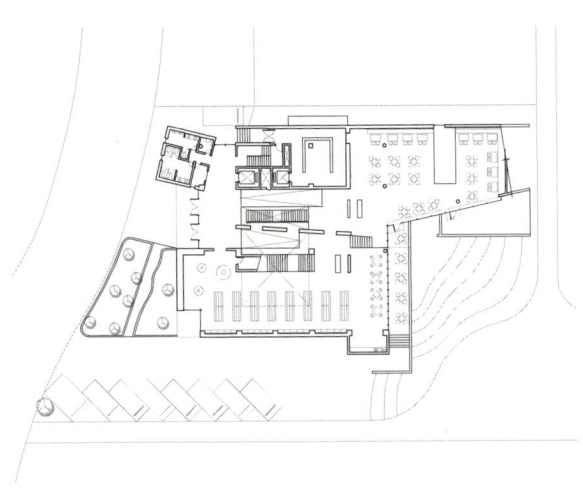

지상1층 평면도

설계연도 2005
대지위치 강원도 춘천시 근화동 534 일원
계획면적 209,600m²(63,404평)

2005
[춘천 레만프로젝트]
Leman Project

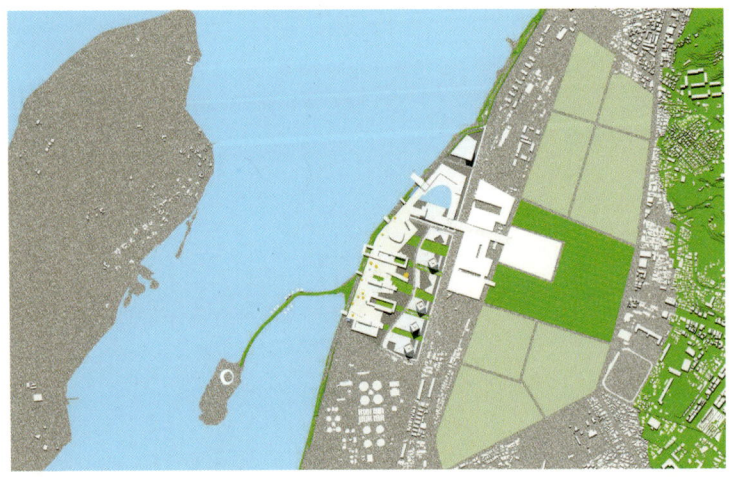

춘천시는 미군기지 이전과 경춘선 복선화 등 빠르게 변화 되어가고 있는 현재 상황 속에서 춘천의 경쟁력 강화와 지역 주민들의 삶의 질을 향상시킬 수 있는 방안을 모색하였다. 오랜기간 캠프페이지에 의해 도심으로의 용이한 접근이 차단 되어왔던 춘천은 캠프페이지 이전계획에 따라 구도심-근화동-중도를 연결하는 춘천의 주요 중심축을 회복할 수 있게 되었다. 근화동 지역은 그동안 춘천시의 쓰레기 매립장으로 사용 되어왔던 지역으로 미군기지에 의해 도심과의 연계가 차단된 채 오랜 시간동안 도시의 후면으로 존재해 왔으며 이는 도심에서 수변으로 원활한 접근 자체를 차단하여 원활한 도시구조의 흐름을 이루게 하지 못하는 주요 원인 이었다. 새롭게 제안될 근화동(6만4천평) 일대에는 호텔 및 주거시설, 복합문화 및 상업시설, 애니메이션과 관련된 영상관련시설, 학교 등의 프로그램들이 들어서게 되며 춘천의 주요 장소로서 자리매김해 나갈 것이다.

1960, 70년대 많은 댐의 건설로 인해 춘천은 호반도시로서의 이미지를 지닐 수 있었지만 이를 지속적으로 뒷받침 해줄 수 있는 컨텐츠의 부족으로 인하여 춘천만의 독특한 이미지를 만들어 오지 못하였다. 하지만 후기 산업사회에서 나타나는 여러 특징들과 경춘선복선화, 고속도로건설, 캠프페이지 이전 등은 21세기 춘천에게 또 한번의 좋은 기회로써 작용할 것이다.
광역적 범위에서 춘천은 호수를 중심으로 배치 되어있는 여러 프로그램들이 서로 연관성을 가지지 못한 채 산재되어있다. 레만은 기존 도시중심을 가로막고 있었던 캠프페이지의 이전에 따라 이들을 연결하고 분산시킬 수 있는 거점으로서의 역할을 하게 될 것이다.
또한, 춘천~하남간의 고속도로 건설과 경춘선의 복선화 계획은 춘천을 서울에서 1시간 이내의 가까운 지역으로 만들어 줄 것이며 춘천은 이러한 기회를 이용하여 여러 방문동기와 목적을 가질 수 있도록 해야 할 것이다.

후기 산업사회에 들어서면서 많은 도시들이 자신들만의 정체성과 이미지 확립을 위하여 많은 노력을 기울이고 있다. 춘천은 이들 인접지역들과 분석을 통하여 춘천만의 방문동기와 목적, 가치를 창출해 나가야 한다. 현재의 춘천을 대표하고 있는 이미지와 춘천 내에서 행해지고 있는 축제들은 서로간의 연계성을 가지지 못한 채 산발적으로 행해지고 있으며 춘천 이외 지역에 대한 대외적 홍보 또한 잘 이루어지지 않고 있다.
주민의식 조사에서도 교통문제에 대한 만족도가 전반적으로 매우 낮게 나타났으며 그 중 주차문제가 심각한 수준으로 나타났다. 복지 환경에 대해서도 전반적으로 불만족스럽다는 반응을 보였으며, 이는 복지 수요의 증가에도 불구하고 이에 대한 공급이 뒷받침되지 않는다는 것을 보여준다. 문화환경에 대해서는 비교적 양호한 편이지만 전시관, 공연장 등 문화적 편의시설 전반에 대한 만족도는 37.4%에 지나지 않아 낮게 나타났다. 생활환경에 대해서는 주거환경에 대한 만족도는 비교적 높았으나 치안환경 만족도는 49.9%로 과반수에 이르지 못하였다.

기본구상에 앞서 잘된 해외 도심재생 사업 사례를 살펴 볼 필요가 있다. 도시 프로젝트는 단기 프로젝트로 끝나서는 안되고 장기적인 관점에서 다양한 분야에서의 연구가 필요하기 때문이다. 해외사례들은 레만 프로젝트가 나아가야 할 방향의 귀감이 될 수 있을 것이다.

1.코펜하겐 하버 마스터플랜(2000)
오랜 기간 도시와 단절되어 있었던 산업항만 지역 을 현대 도시와 연개, 재구성하여 도시조직으로의 회복을 기함.

2.토론토 파크(2003)
구 비행장으로 쓰이던 부지를 공원시설로 변환시키는 작업으로서 공원 내 1,000여 개의 서로 다른 길들을 마련하고, 이용자들은 각자의 선택에 따라 자신의 길을 선택, 분산 되어있는 공원내 프로그램들을 탐험할 수 있는 공원

3.스위스 엑스포 2002(2002)
호수 안에 배를 타고 가야만 하는 미디어 전시장을 설치함으로써 관람객들에게 보다 풍부한 축제와 자연

의 체험을 가능하게 한다.

4. 시드니 달링 하버(1984)
196년 역사의 산업항만이 쇠퇴한 지역을 재개발한 프로젝트로서 현재는 연간 1,400만명의 사람들이 방문 하고 있다. 계획의 주요 특징으로는 계획 초기부터 전체 부지의 50%를 오픈 스페이스로 남겨두고 그 외 지역에 상가와 뮤지엄, 컨벤션 센터, 수족관, 전시장, 극장 등을 배치, 부지내 커다란 원형 공원이 이들의 초점을 구성하는 보행자 중심의 인간적인 공간이다.

5. 퀸즈타운 베이 워터프론트
뉴질랜드 남섬에 위치한 세계적인 리조트 휴양지로서 호수의 둘레가 77km에 이르는 와카티푸 호수가에 위치하고 있으며, 도심과도 인접해 있다. 호수 주변을 따라 자전거 및 산책로가 정비되어 있고 유람선과 페리, 요트를 위한 부두시설 또한 잘 갖추어져 있다. 또한 맑고 푸른 잔잔한 호수의 수면 위에는 오리를 비롯하여 물새들이 헤엄치고 있으며, 이 새들이 가끔 호숫가 녹지로 나와 사람들과 함께 어울리는 생동감이 있는 워터 프론트를 만들어 내고 있다.

하나의 도시를 만들어 나가는 과정은 분명 긴 호흡으로 멀리 바라보아야할 일이며, 그 도시만의 특색을 지닐 수 있는 요소들에 대한 끊임없는 연구와 노력이 동시에 행해져야 한다. 단편적이고 유행에 치우친 컨텐츠의 발견이 아닌, 지속 가능한 탐구의 정신에 의해 위의 도시들이 발전해 가고 있듯이, 춘천 또한 춘천만의 것들을 찾아내고 가꾸어 가려는 노력이 요구된다.

레만 프로젝트 대상지는 춘천역과 인접하고 있으며, 하부로는 하수종말 처리장이 도심쪽으로는 캠프 페이지가 위치하고 있다. 캠프 페이지는 2005년 완전 이전 예정이며 경춘선 복선전철화 사업은 2009년 완공예정이다. 대상지 아래에 인접하고 있는 하수종말 처리장에 대한 부분과 캠프 페이지 이전부지에 대한 적절한 대응과 활용이 요구 되어진다.

대상지가 가지고 있는 가장 큰 장점으로서는 경춘선 복선화와 하남~춘천간 고속도로 건설로 인한 접근성의 강화, 캠프 페이지 이전계획에 따른 도심으로의 양호한 연계성이라 할 수 있다. 하지만 이러한 서울과의 접근성 강화는 자칫 잠시 스쳐 지나가는 비숙박 중심의 통과여행지로 전락할 가능성을 가지고 있으며, 대상지가 하수종말 처리장과 인접하고 있다는 점과 부지 일부분이 쓰레기 매립지였다는 부정적인 인식 또한 앞으로 넘어서야 할 과제이다.

대상지의 단면 상 기존 제방보다 4M가 낮다. 이것은 기존 뚝방의 레벨을 이용하는 데크를 설치하여 보행자는 자연스럽게 호수로 이르게 되며 데크 하부는 주차장으로서 사용하게 된다. 캠프 페이지로부터 생성되는 또 하나의 레벨은 춘천 신 역사와 연계되며 대지 내로 접근시키는 또 하나의 루트를 생성한다. 그리고 상부에 접근이 용이한 공공영역을 만듬으로서 호수를 조망하고 즐길 수 있는 장소를 제공해 준다. 고밀도의 타워는 여러 해법들의 판을 수직으로 연결시켜 주게 된다.

그린 카펫(GREEN CARPET)로 이름짓는 보행전용판에 의해 보행자는 대상지 내부와 강으로의 접근이 이루어진다. +4m 레벨을 지니는 데크 상부는 강과의 확대된 영역을 만들어 주며, 곳곳에 위치한 소규모 문화·상업시설들과의 접근을 유도해 준다. 데크하부는 주차장으로서 사용되어지며, 도심 쪽으로 고층 빌딩들을 배치함으로써 도심에서 강으로의 시선 차단을 막아준다.

도심 중앙로를 따라 이전된 캠프 페이지에 이르게 되면 캠프 페이지 ~ 춘천역 ~ 레만을 이어주는 하나의 판과

만나게 되며 이 판을 통해 접근된 레만은 의암호와 연계를 통해 중도에 이르게 한다.

찾아오는 도시
우리사회는 어느덧 후기 산업사회로 접어들고 있다. 후기 산업사회의 중요한 특징 중의 하나는 노동시간의 감소와 여가시간의 증가이다. 사람들은 세상에 대한 관심을 더욱 더 많이 드러내 보이며, 관심은 이내 사람들의 빈번한 이동으로 이어진다. 오랜 기간 산업화의 그늘에 속해있던 지역에서는 후기 산업사회가 보여주는 징표들이 오히려 새로운 기회로 다가온다. 많은 지역들은 자신들의 지역이 지니고 있는 자원들을 효과적으로 활용하여, 사람들의 관심을 불러 일으키고 그것을 지역의 이익으로 만들려는 노력을 기울여 나간다. 이를 가리켜 "장소의 전쟁"이라 부르기도 한다.

춘천은 다른 지역들과 소위 "장소의 전쟁"을 벌여 나가는데 있어 어느정도 유리한 조건들을 지니고 있다. 기존 춘천이 지니고 있는 호반도시로서의 여유로운 이미지와 앞으로 이루어지는 경춘선 복선화, 서울~춘천간 고속국도건설, 그리고 지난 세월 춘천의 중심을 차지하고 있었던 캠프 페이지의 이전 등이라 할 수 있다. 레만은 이들을 아우르는 그 중심으로서, 춘천을 찾아오게 하는 매력을 한층 더 배가시켜낼 것이다.

성장하는 도시
방문객의 유입은 분명 그 도시의 경제적 이익을 이끌어 낸다. 하지만 사람들의 방문 동기가 장소 마케팅의 특정한 요소들로만 이루어져, 그 도시가 가진 본래의 삶과 유리될 경우, 오히려 도시의 본래적인 삶은 부정적 영향을 받게 되는 상황을 넘어 파괴의 단계까지도 이를 수 있다.

예를 들자면 태백의 카지노, 몇몇 온천도시들 그리고 제주도의 경우들이 그러하다. 따라서 경제적 이익이란 도시의 건강한 삶이 뒷받침하는 기반 위에 놓여질 때에만 기대하는 효과가 온전하게 발휘된다는 판단을 내려볼 수 있다. 춘천은 그 동안 도시생활에 길들여진 많은 사람들의 일탈과 추억의 장소로서 그 기능을 유지해왔다. 이는 달리 생각해보면 그 사이 춘천을 거쳐간 수많은 경험자들을 가지고 있다는 뜻이기도 하며, 수십 년간 정체되어있는 인구에 비해 이와 같은 인적 자원은 춘천의 큰 힘이기도 하다. 춘천과 더불어 현재 LEMAN의 시급한 과제는 도시적 삶의 기반을 마련하고 도시의 성장방향을 건강하게 이끌 수 있는 방법의 연구와 수립이다. 그러므로 춘천은 내부와 외부의 기회를 자유롭게 수용, 대응해 나가면서 건강한 성장을 도모해 나갈 수 있는 방향을 지속적으로 추구해 나가야 한다. 그 방향은 바로 도시 중심의 공공 영역의 확보로부터 시작되며 그곳을 어떻게 구성하고 관리해 나가느냐 하는 일이다.

설계연도　2005
대지위치　서울특별시 종로구 관훈동 182-2
건축규모　지하2층 / 지상3층
연면적　　1,133.28m²

2005
[한국공예문화진흥원]
Korea Craft & Design Foundation Center

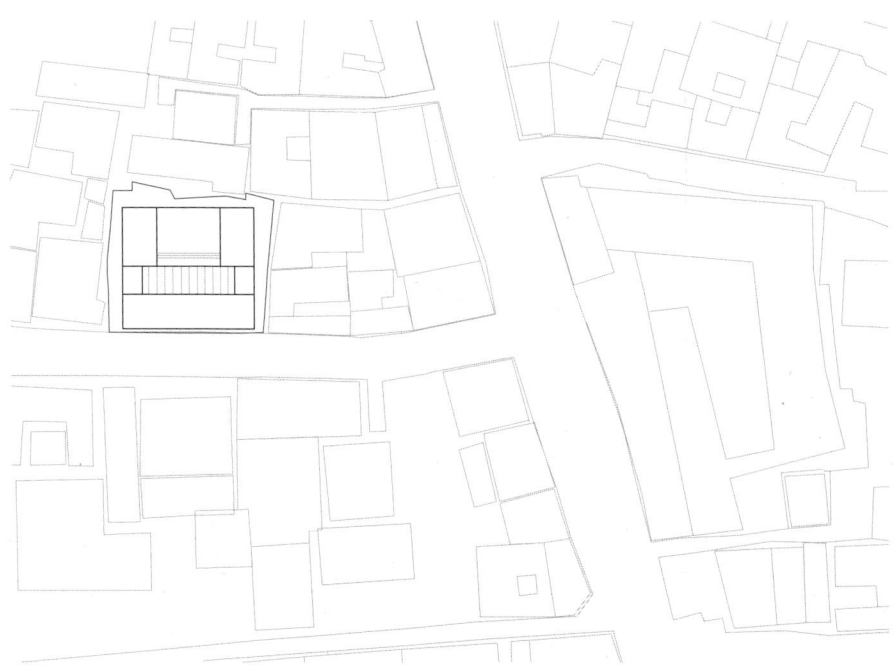

공예

오늘날 사용되는 공예의 의미는 19C 중반 조형예술의 한부분으로서 순수미술과 구별하기 위해 일반화되기 시작한 서구적 의미의 용어이다. 그러나 동양에서는 보다 넓은 의미의 공예라는 용어가 오래전부터 사용되어 왔다. 그것은 훌륭한 솜씨로 도구나 기물을 만드는 것을 포함한다. 그리고 그것으로 우리의 생활에 유용하게 하는 동시에 풍요롭게 만든다는 뜻을 지닌다.

공예 · 문화

근대를 통해 제로화된 순순미술은 자기논리를 구축하며 생활세계의 바깥으로 나아가고 있다. 하지만 오늘날의 세계는 생활세계 자체의 문화화를 지향한다. 그곳에 공예의 역할이 있다.

공예 · 문화 · 산업

생활세계의 문화화는 대량생산의 방향으로 발전하는 산업디자인의 영역을 낳았다. 하지만 오늘날의 세계에는 보다 다양한 종류의 개별적인 욕구를 가지고 있다. 그곳에 공예가 있으며 새로운 산업의 가능성을 가진다.

(재)한국공예문화진흥원 - [인사공예문화관]

공예 · 문화 · 산업 등에 연관된 연구와 교육, 전시와 마케팅을 통한 전반적인 활성화 사업을 자극하고 전개하는 출발점에 [인사공예문화관]이 있다.

공예종합유통센터 상품관의 접근은 인사동의 주도로인 대지 동측에서 주로 이루어지며 대지 서측에서 상품관으로의 접근은 제한적일 것으로 판단된다. 대지의 동측에 공공성이 강한 열린마당을 계획하여 인사동길과의 호흡을 강하게 하고 열린마당과 주차마당을 같이 계획하여 주차를 하지 않을 때에도 주차장이 열린마당의 일부로 인식되도록 하여 열린마당의 시공간적 극대화를 꾀한다. 그리고 전면에 선큰마당 등의 가로 연계시설을 설치하여 가로와의 적극적인 교류를 유도한다. 열린마당으로의 주진입 외에 대지 서측에 상품관으로의 출입구를 별도로 설치하여 상품관의 독립적인 경험이 가능하도록 한다. 인사동의 필지들은 부정형의 작은 면적의 대지가 대부분이고 이로 인하여 건폐율을 채우는데 급급한 건물이 지어지기가 쉽다. 이에 본 건물은 거리와의 관계를 다양하게 하고자 다실이 위치한 아담한 크기의 선큰마당을 열린마당과 연계하여 제안한다.

공예종합유통센터상품관은 지상3층, 지하2층의 5개 층으로 구성되며 주요기능은 상품관, 전시실, 업무시설 등으로 나뉜다. 공공성이 강한 열린마당에서 건물에 진입하기 전에 열린마당과 연계되는 선큰마당으로의 진입의 기회가 주어져서 다실과 전시시설을 이용할 수 있고 건물에 들어선 후에는 지하전시실로의 계단, 지상1층 상품관으로의 진입, 지상2층 전시실로의 계단, 엘리베이터를 이용하는 지상3층 업무시설과 옥상정원 등 지상1층 로비에서 다양한 경로를 선택하도록 계획하여 공간의 효율성과 유기적 연결을 강조한다. 그리고 선큰마당과 연계하여 다실을 설치하고 건물 상층부에 옥상정원을 계획하여 이용자의 편익을 도모하고 공간의 문화적 구성을 다원화한다.

공예종합유통센터상품관의 시설들은 그 기능에 따라 요구되는 개방성에 큰 차이가 있다. 가로변의 면은 전면개방의 원칙으로 이에 적합한 실들이 배치되고 주재료는 인사동과 조화하면서도 평범하지 않은 제품들을 사용하여 상품관의 이미지에 어울리도록 한다.

전통의 거리 인사동에 위치한다는 점과 공예품을 담는다는 점을 감안하면 공예종합유통센터상품관은 그 기능은 물론이고 외부에서 느껴지는 이미지도 이와 연관하여 계획을 해야한다. 각 부분은 독립적이고 정돈된 요소들로 구성되며 이들은 또한 서로에게 균형을 이루며 조화되도록 한다.

대지의 동측에 마련되는 열린마당은 가로에 대한 개방감이 우수하고 진입이 용이하게 구성하여 이용에 대한 부담이 없도록 계획하고 열린마당의 공간은 연속적으로 지하 선큰마당으로 연결하여 지하에 마련되는 옥외마당을 조성함으로써 가로의 연속성을 유지하며 인사동의 새로운 골목길을 제안한다. 또한 이 골목길의 단부에는 다실을 설치하여 상품관의 1차적 이용자가 아니라 하더라도 편하게 접하고 쉴 수 있는 공간을 마련한다. 주출입구에서 용이하게 연결되는 계단과 엘리베이터를 이용하면 건물 상층부에 마련되는 옥상정원에 도달 할 수 있다. 옥상정원의 기능은 인사동을 내려다보는 전망대의 역할이 아니라 건물 내부에 마련되는 하늘에 대해 열려있는 중정(patio)의 개념으로 잘 조성된 내부공간의 이미지로 계획한다. 업무시설의 한쪽에는 진흥원 직원 전용의 옥외데크를 설치하고 도심 사무실의 작은 휴게공간으로 제안하여 업무의 효율을 높이고 업무공간의 건조한 이미지를 탈피한다.

공예종합유통센터의 상품관에서 취급하는 상품은 금속, 종이, 목재 등의 다양한 소재로 제작되는 장신구, 사무용품, 인테리어 소품 등 여러 가지 용도의 제품들이다. 인사동을 경험하는 불특정 다수가 대상이며 이들의 용이한 접근을 유도하기 위하여 지상1층에 위치하며 별도의 외부진입을 설치한다. 상품관 내부는 전체적으로 개방적 이미지로 구성하고 상품관의 이동 동선상에 인접전시실로의 경로를 계획하여 여러 전시실의 유기적 연결을 통하여 다양한 경험을 제시한다.

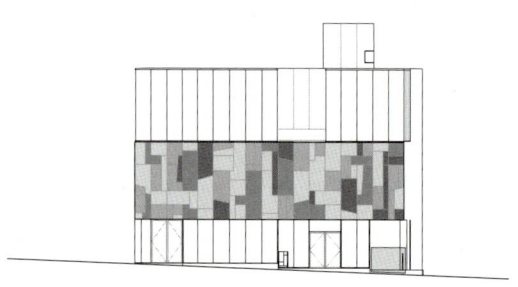
정면도

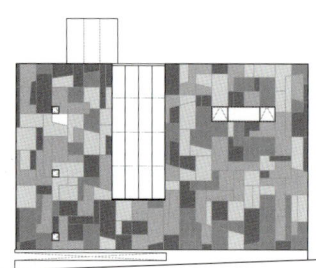
배면도

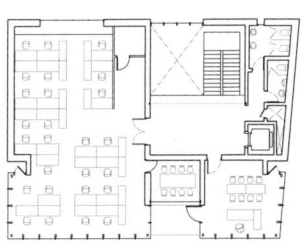
지상3층 평면도

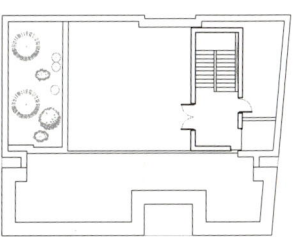
지붕층 평면도

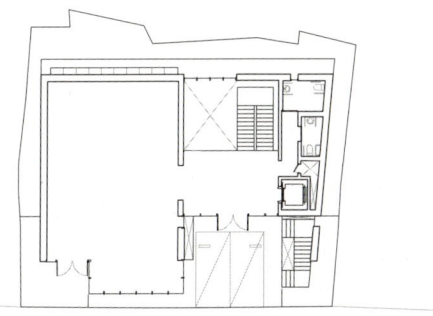
지상1층 평면도

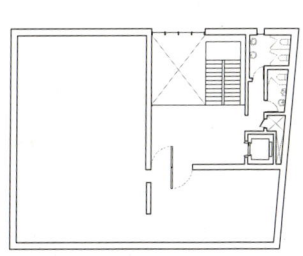
지상2층 평면도

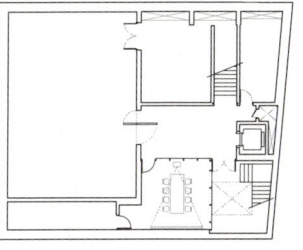
지하2층 평면도

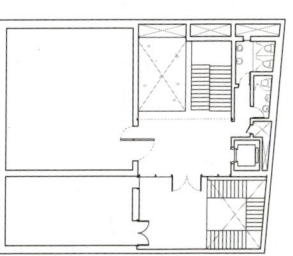
지하1층 평면도

설계연도 2006
대지위치 경기도 파주시 문발동 출판문화정보산업단지 521-1
건축규모 지하1층 / 지상4층
연면적   2,983.01m²

2006
[음악세계사]
Eumaksekye Publishing Building

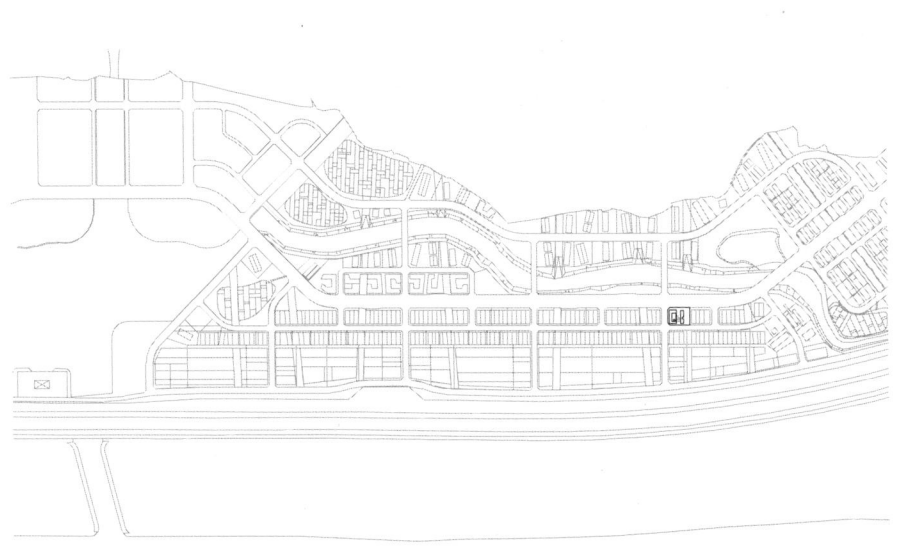

2000년 7월 25일, 파주출판도시 시범지구 마지막 섹터의 섹터 회의가 있었다. 회의는 섹터 내에 속한 각 프로젝트의 회원인 건축주들을 면담하고 그 결과 '시범적'인 계획을 준비해서 회원 다수를 위한 일종의 커뮤니케이션 자리였다. 개별 필지의 중요성 뿐 아니라 각가의 계획들이 모여 어떤 전체를 구성하게 될 지를 논의하는 자리였다. 출판도시의 10년은(그 이전의 세월을 포함해서) 이렇듯 부분과 부분 사이 그리고 부분과 전체 사이에서 수많은 대화들이 오가고 도 그만큼의 적지 않은 갈등들이 쌓이며 조율되는 그런 과정이었다.

2007년 5월 2일, 파주출판도시에서는 출판도시 1단계 완공기념 세미나 '이 시대, 파주출판도시가 우리에게 남긴 것'이라는 긴 이름의 세미나가 있었다. 완공이라.... 하나의 도시가 완성된다는 말이 성립될 수 있는지, 아니 오히려 도시를 만든다는 말이 가능한 일인지....... 세미나의 한 발제자인 나는 심술궂게 이 말에 시비(?)를 거는 것으로 발제를 시작했다. 그리고 도시는 다만 만들기 시작할 뿐이며 지금이 그 시작이고 또 시작은 건축가들이 했으되 이제 건축가들은 소멸되어 갈 것이라 말했다. 앞으로 이 도시를 만들어 나가는 일은 이 도시를 살아 나가고 있는 여러분들, 이제까지는 서로 '회원'으로 불리었을 것이나 이제 서로 '시민'이라 부르는 것이 타당한 여러분들의 몫이라 힘주어 말했다.

괜한 말이 아니었다. 애당초 파주출판도시는 백지위에 새로운 그림을 그려나가는 일이 아니었다. 이곳에는 생산과 물류가 그 중심이 되는 공업단지의 구조가 있었다. 그 공업단지가 출판도시로 전환되기 위해서는 생산과 물류 대신 사람이 그 자리를 차지하는 사고의 전환이 필요했다. 그리고 그리 되기 위해서 '건축적 정책'들이 동원되는 복잡하고 지난한 과정이 뒤를 따랐다. 그 과정 중에 건축가들이 개입되었고 이제 웬만큼 역할을 다 해가는 건축가들은 서서히 이 장면으로부터 소멸되어 나가면 충분한 일이라는 것이다.

그럼에도 불구하고 개인적으로 계속 지켜보고 싶은 영역이 있다. 폭 10m에 길이 약 1km에 달하는, 강변 자유로에 평행하며 길 양 옆에는 15m 높이로 제한 된 북쉘프 유형의 건물들이 늘어선 영역이다. 인포룸으로 시작했던 건물로부터 내가 설계한 또 다른 프로젝트인 보리출판사로 이어지는 긴 길이다. 샛강의 풍경에서 저수지의 풍경으로 끝나는, 지금 이름을 구하고 있는 길이다.

파주출판도시가 진정 '도시'로 되어가는 과정에서 나는 이 길에 일종의 시금석의 역할을 맡기고 있다. 시금석이란 다름 아니라 우리가 이 길에서 도시가 갖추어야 할 일상의 풍경을 확인할 수 있는 그러한 때를 말한다. 시민들과 방문객들이 분주히 움직이고 서로의 시선이 부딪히는 그런 일상의 풍경, 저녁과 주말이면 이 곳에 또 다른 움직임들이 교차되며 만들어지는 그런 풍경이 확인될 수 있을 때 비로소 출판도시 전체는 진정 애초에 품었던 도시의 풍경에 가까이 도달했음을 확인할 수 있는 그런 길이라는 생각이다.

음악세계사는 바로 그 길에 면한 북쉘프 유형의 프로젝트다. 높이는 4개층으로 되기 십상이다. 이 프로젝트로부터 가장 먼저 구해야 할 것은 대지 바깥 쪽의 넓은 길이 아니라 안 쪽의 바로 이 10m의 긴 길과 시설이 어떻게 만나고 있는가 하는 점이다. 인근의 프로젝트들은 가로와의 대화라는 관점에서 아직 거칠다. 건축을 향하는 풍경은 있으되 가로와 사람으로 구성되는 풍경은 아직 기대와 멀다. 오래 전부터 말해왔다. 적어도 그 관점에서 당초의 기대와 먼 풍경이 예상되는 것은 이 도시와 이 가로를 시작시키고 있는 건축가들의 책임이 크다. 아직 다 완성 짓지 않은 프로젝트들이 더 감당해야 할 몫이다.

음악세계사는 이 길로의 열림이 자주, 반복적으로 구성되기 위한 노력들이 들어있다. 입구의 과제, 내부 동선의 흐름에서, 미리 설정된 녹색회랑(그린 코리더)의 처리에서 그러하다. 흐름이 연속되고 가능한 한 그 흐름이 개방적 이려는 노력이 또한 그러하다. 어찌 보면 그것들이 전부다. 연결되는 공간의 구성은 보리출판사의 그것에서 연속된다. 외벽을 통어하는 목재 널의 표피는 같은 건축주의 헤이리 아티누스 작업에서 연속된다.

이 도시는 아직 그 시작에 있고 눈 앞의 풍경은 아직 거칠기만 하다. 그러나 이제 이 공간이 점점 더 익숙해지고 일상의 활동

과 기억들이 쌓여 나갈 때 비로소 이 곳은 차츰 의미있는 장소로 변화해 나가게 될 것이다. 그러한 시간의 과정을 이 길 속에 그리고 이미 시작된 도시 전체에 쌓아 나가는 것이 바로 진정한 도시로 나아가는 지극히 정상적인 과정일 것이다. 왜냐하면 도시란 단지 시작될 수 있을 뿐 단숨에 만들어지지는 않는다는 오랜 교훈을 우리가 익히 잘 알기 때문이다. 그 과정 속은 이 도시는 이제 이 도시의 시민이 된 출판인들의 기나긴 노력을 기다리고 있다.

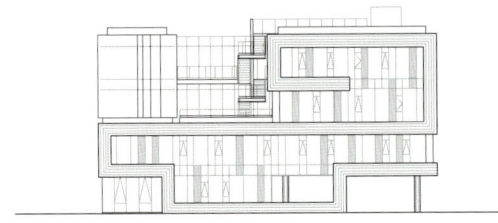

동측면도

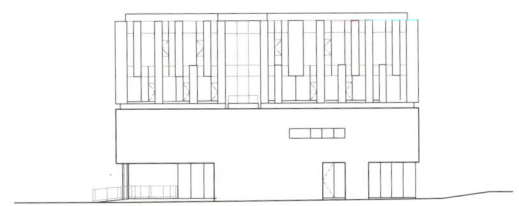

서측면도

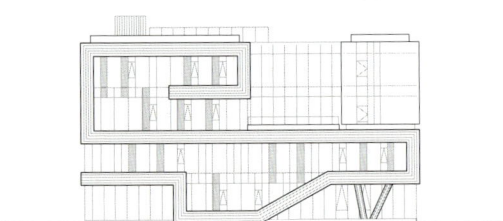

남측면도

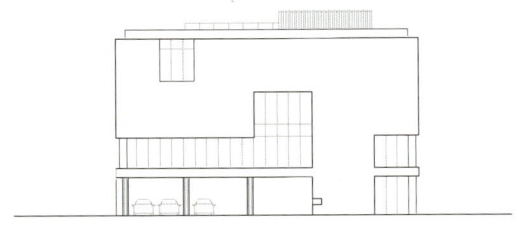

북측면도

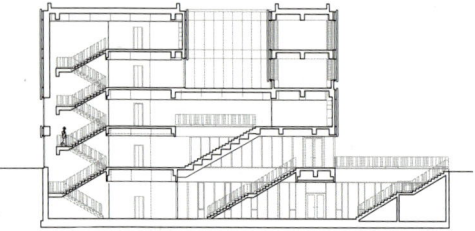
단면도-1

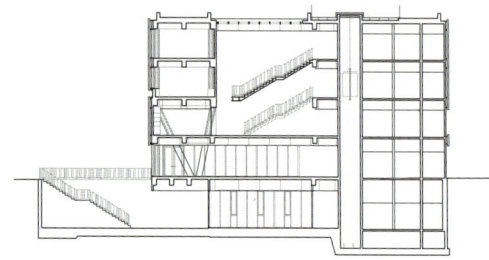
단면도-2

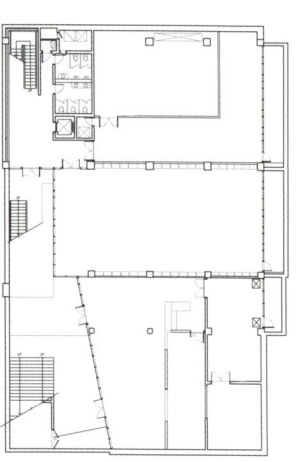
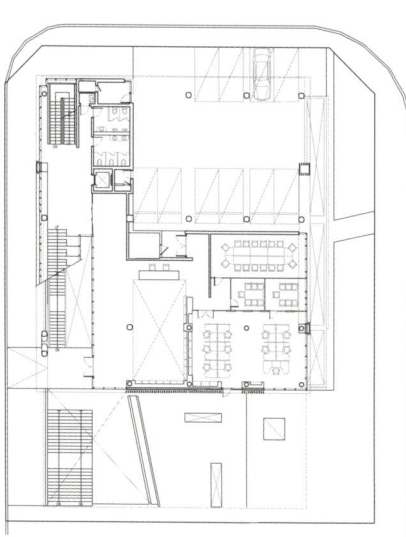
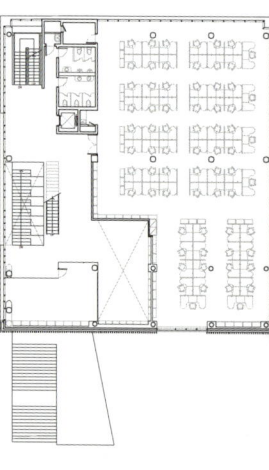

지하1층 평면도   지상1층 평면도   지상2층 평면도

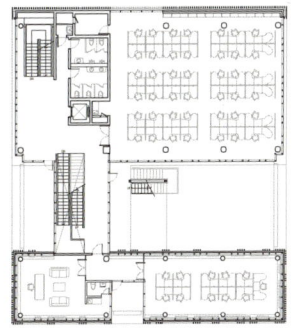
지상3층 평면도

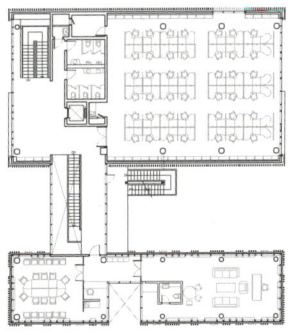
지상4층 평면도

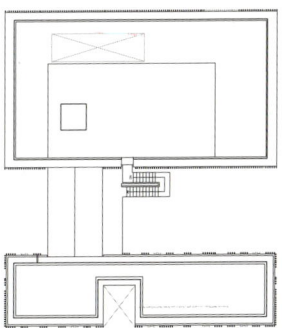
지붕층 평면도

설계연도　2006
대지위치　경기도 파주시 문발동 출판문화정보산업단지 520-12
건축규모　지상4층
연면적　　797.49m²

2006
[지식산업사]
Jisik-Sanup Publishing Building

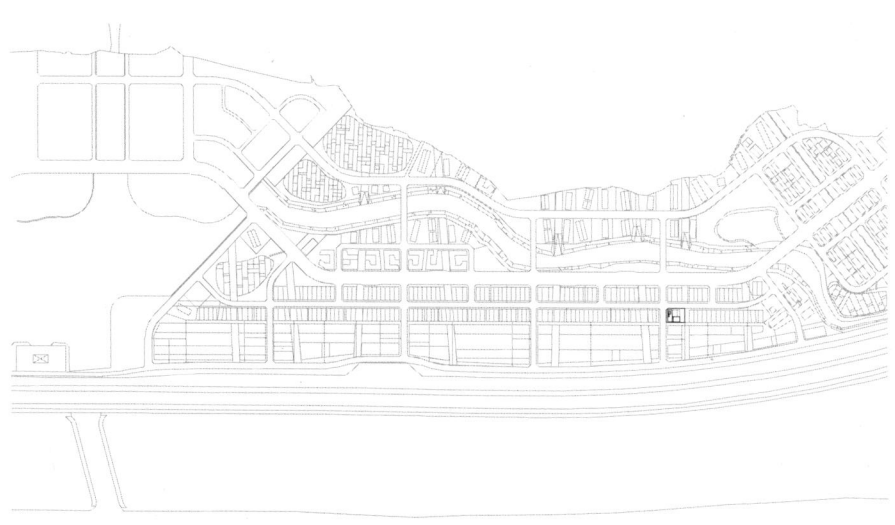

조동일의 저술들, 고대사로부터 현재에 이르는 역사서들, 의지 없이는 불가능해 보였던 우리말 철학 사전 다섯 권의 완간, 문(文), 사(史), 철(哲)을 아우르는 이 출판사의 지평을 40년 가까이 붙들고 있는 대표는 또 누구란 말인가. 지식산업사의 대표 김경희 선생이 바로 그이다. 이 시대 속에서 지사(志士)의 내음과 목소리가 무엇인지를 단구의 그러나 깊은 호흡으로 단련된 몸으로 보여주는 그이다. 나에게 지식산업사라는 출판도시의 건물은 김경희 선생과의 만남이 그 시작이고 끝일뿐이다. 출판도시의 시작과 함께 건물이 의논되었다. 여러 그림이 그려졌다. 모든 그림들은 행복인 동시에 고통이었다. 여러 해가 흐르고, 채워지지 않은 터는 한 출판사의 부재로 끝날 일이 아니라 출판도시라는 '의지'의 한 귀퉁이의 부재(不在)이기도 했다. 열화당 이기웅 선생을 포함한 여러 사람들의 각별한 관심으로 다시 설계가 시작되었고, 이제 건물이 세워졌다. 건물과 함께 출판도시를 건강하게 유지해 나갈 '의지'도 바로 섰다.

출판도시에서 나는 한 길을 주목하고 있다. 옛 인포룸에서 시작하여 보리출판사에 이르는 폭 10m, 길이 1km의 길이다. 이 길은 샛강의 풍경에서 시작하여 저수지의 풍경으로 끝난다. 나는 이 길이 출판도시가 도시로 읽혀지는 시금석의 길로 본다. 그것은 이 길에서 도시가 갖추어야 할 일상의 풍경을 확인할 수 있을 때 비로소 출판도시 전체가 진정 애초에 품었던 도시의 꿈에 가까이 다가갔음을 확인할 수 있는 그런 길이라 생각하기 때문이다. 시민들(이 도시에서 살고 일하는 거주자들이 이제 서로 시민이라 부르기를 권하며)과 방문객들이 분주히 움직이고 서로의 시선이 부딪히는 그런 풍경, 저녁과 주말이면 또 다른 움직임들이 서로 교차되는 그런 풍경이 일상으로 확인되는 그런 때를 말이다.

지식산업사의 건물이 그 길 속에 있다. 북쉘프(Book Shelf)타입이라는 유형이 산과 강 사이의 물리적 관계를 말하고 있다면 나의 관심은 이 길과 건물의 관계를 향한다. 관계는 건물이 가진 프로그램으로부터 작동되기도 하고 건물이 만들어 낸 장소의 잠재적 힘에 의해 작동되기도 한다. 여러 안들 모두는 그 두 가지를 위한 일관된 노력이다. 비록 아직 최종의 건물이 아니지만 현재로서도 그와 같은 작동의 잠재력을 충분히 기대한다. 기대의 근거는 단순하다. 물러서 있는 빈 공간의 잠재력과 이 장소의 주인이 펼칠 긴 호흡의 여유로움을 믿기 때문이다. 최소의 예산으로 만들어내지만 주인이 풍모가 드러날 수 있는 아주 단순한 선택이 건물의 전반을 지배하고 있다. 유로 폼으로 판형의 구조와 벽을 일치시키는 일, 최소의 필요한 개구부 그리고 훗날 더해질 공간의 예비가 전부다.

이 도시는 이제 그 시작에 있고 눈앞의 풍경은 거칠기만 하다. 건물들은 여전히 그 앞의 가로와 충분한 대화를 나누고 있지 않다. 때로는 채 준비조차 갖추지 않고 있다. 아직은 그저 만들어진 가로, 물리적 공간일 뿐이다. 하지만 이제 이 공간이 우리에게 점점 익숙해지고 일상의 활동과 기억들이 쌓여 나갈 때 비로소 이 길은 차츰 의미 있는 장소로 변화해 나가게 될 것이다. 그러한 시간의 과정들을 이 속에 쌓아 나가는 것이 바로 진정한 도시로 나아가는 지극히 정상적인 과정일 것이다. 왜냐하면 도시란 단지 시작될 수 있을 뿐 단숨에 만들어지지 않는다는 오랜 교훈을 우리가 익히 잘 알고 있기 때문이다. 건축가들은 단지 그 시작을 도왔다. 이제는 시민들에 의한 기나긴 노력을 기다려야 한다.

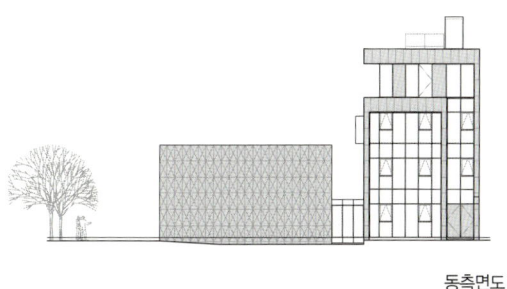
동측면도

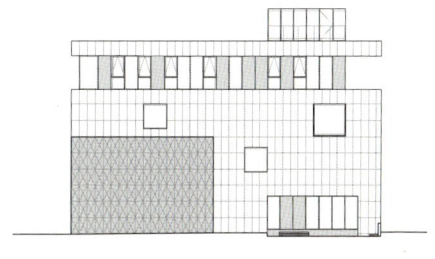
남측면도

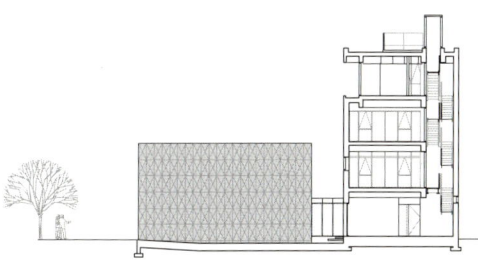
종단면도

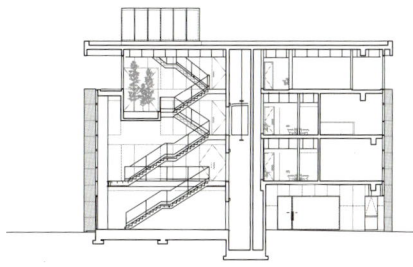
횡단면도

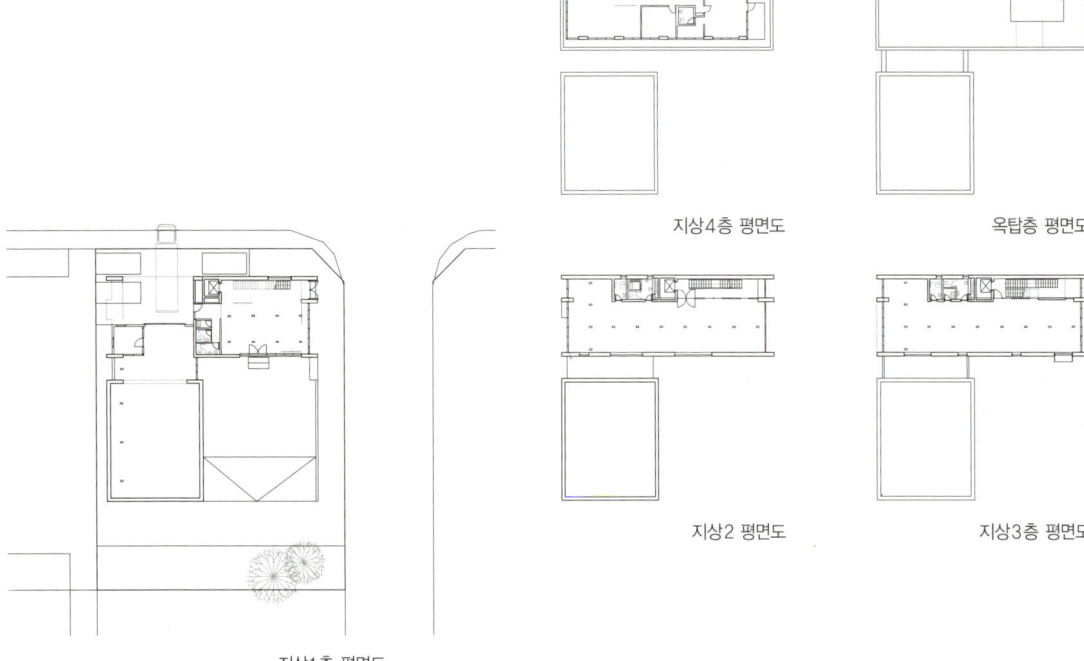

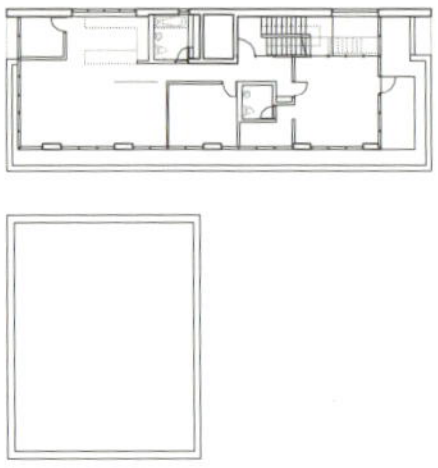

지상4층 평면도　　　　옥탑층 평면도

지상2 평면도　　　　지상3층 평면도

지상1층 평면도

설계연도 2007
대지위치 충청남도 아산시 염치읍 백암리 298-1(사) 현충사 준경내
건축규모 지하1층 / 지상1층
연면적   3,104.33m²

2007
[이순신 기념관]
Chungmugong Yi Sunsin Memorial Museum

서,
"이 글에서의 '기념행위'는 기념을 둘러싼 모두에게서 일어나는 일종의 제의-ritual로 간주한다."

'기념행위'의 현실

'의미있는 역사'를 기억하기 위한 '기념시설'들이 끊임없이 만들어진다. 대부분 그 역사를 체험하지 않았던 사람들을 위해, 역시 그 역사의 심층에 있지 않았던 사람들에 의해 만들어진다. 하지만 대개의 경우 역사적 상상력으로 향하는 길은 매우 좁기만 하다.

망월동에 가면 너무나 대조적인 두 개의 묘역이 있다. 둘 사이에 놓인 관계항이 흥미롭고 또 처연하다. 한 사회가 무엇인가를 기념하는 일을 두고 드러낸 온갖 의식과 무의식, 내재되고 의화된 욕망들을 기념하는 또 다른 새로운 '기념관'을 세워도 좋을 정도다.

그 뿐이겠는가. 시인의 소박한 시비에서조차 그러하다. 결국 핵심은 무엇을 기념할 것이며, 어떻게 기념할 것인가라는 '기념행위'의 의미에 대한 질문이 결여되어 있다는 점이다. 경험하는 사람들에게 역사적인 상상력을 이끌어 내려는 계획의지 자체가 문제다.

무엇을, 어떻게 기념할 것인가

기념의 대상

〈이충무공 전서〉를 편찬한 정조, 근세의 최남선과 이은상 그리고 현충사를 재정비한 박정희 모두 당대의 필요에 의해 반복적으로 이순신을 불러내었다. 대개 소환의 초점은 통일했다. 우국충정의 위대한 인간형, 보편적 효와 사랑의 인간형, 표면적인 인식이다. 난중일기는 짧은 문체로 글자 그대로 난중에 벌어진 사실들을 기록하고 있다. 전투도 마치 일상의 서술처럼 전하고 있다. 그러나 중요한 점은 단 한 번의 오류도 허락할 수 없었던 무오류의 인간형이 보이는 철저함이다. 한 걸음 더 다가서는 인식이다. 미움과 모략을 비롯한 온갖 인간사의 국면들, 역사의 역동적인 갈등들을 대면하며 그 모든 상황에 맞서 싸우는 절대 고독의 인간형, 인간의 진정성을 드러내며 관람자와 사이에서 가장 중요한 울림을 이끌어낼 수 있는 가장 깊은 층위의 인식이다.

기념의 방법

기념관에 나열된 자료는 과거의 기억이며 역사적 체험을 불러오기 어렵다. 그것을 보완하기 위한 각종의 재현은 때로 허황되고 대상을 그저 볼거리로 퇴행시킨다. 상상력의 충동은 거의 제로에 가깝다. 보는 것을 넘어 앎으로의 진화는 불가능하다. 건축 그 자체가 힘을 갖게 되는 것이 기대이지만 건축의 추상은 서사-내러티브를 과장하거나 긴 시간 속에서 의미를 상실한다. 이를테면 그 내러티브의 구조가 예의 예측된 서사의 구조와 너무 닮아있어 새로운 의미를 생성하지 않는다. 의미의 지속적 생성을 위해 익숙한 것들의 다른 배열과 예기치 않은 것들의 배치가 더 유효할 수 있다. 그럼으로 낯설음과 거리감이 발생되고 그 속에 익숙함에 대한 틈새가 만들어진다. 틈새는 관람자의 능동적 참여를 유도하고 새로운 인식을 이끌어 낸다.

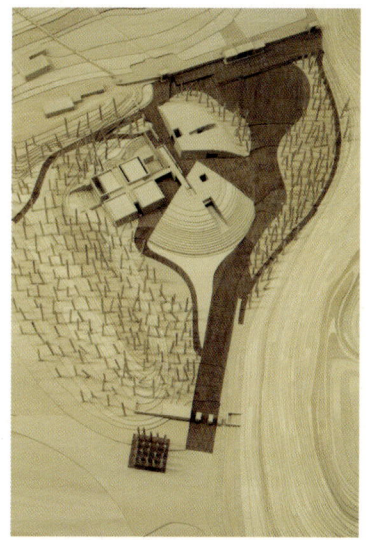

이순신에게 다가서기 위한 세 개의 켜(표층, 중층, 심층)와 소외 효과

표층의 켜-나라와 대면하는, 전투에서 전투로 이어지는 표층
익숙한 서사의 재배열, 예측된 내용의 스케일 변화 등을 통해 통속의 지루함을 넘어서는 새로운 '경험의 과정'이 마련되어야 하는 켜.

중층의 켜-백성과 대면하는, 전투와 전투 사이의 일상의 층
새삼 강조되어야 할 켜, 전쟁 사이의 지루한 일상, 무오류를 위한 지독한 철저함들이 작은 스케일로 무수히 깔리는 켜.

심층의 켜-자신과 대면하는, 갑옷을 벗어 개어 놓은 심층
이순신의 내면과 관람자 사이에 울림이 만들어져야 하는 켜, 그러나 그

것을 위해 낯설음, 거리두기 즉 소외효과를 필요로 하는 켜

'다중적 의미의 열린 시설'이 되기 위한 방법들
추상적 다중성-형태로 상징하지 않는다.
공간적 다중성-과정은 있으나 강제되는 않는다.
시간적 다중성-기념관 내부 곳곳에 현대의 조형물이 놓여 과거와 현재 사이에 시간을 중첩시킨다.

현충사 참배경로와 이순신 기념관에 대한 전제
현충사 관람 경로 상에 이순신 기념관은 다음 세 가지의 역할 모두를 담당하도록 한다.
- 경내 영역을 참배한 후 만나는 기념관으로서의 역할
- 경내 영역 진입 전, 방문객 안내 시설의 역할
- 경내 영역에 진입하지 않을 수도 있는 빈번한 방문객을 위한 시설의 역할

기념관의 배치
기념관의 배치는 주 진입로의 재조정에 기여하는 동시에 봉화산을 좌우로 흘러내리는 현충사 지세의 서편(우백호) 끝에서 고려되어야 할 지형적 역할이 있다. 또한 방문객 센터의 역할과 경내영역 경험 이후에 이어지는 기념관의 역할, 관리중심의 역할이 있다. 마지막으로 준 경내 영역에서 벌어질 수 있는 각종의 행사를 위한 장소의 역할 등이 배치의 원칙이 된다.

- 산정문에서 충무문에 이르는 주 진입로를 재구성하는데(특히 폭에 관해) 역할을 하되 주 진입로 상에서는 기념관이 독자적인 '건축'으로 드러나지 않도록 한다.
- 그 두 가지 역할을 위해 '새로운 언덕'을 구상한다.
- '새로운 언덕'과 주 진입로 사이에는 충무문 내부의 연못에서 시작되어 주 진입로의 역 방향으로 진행되는, 고이고 흐르는 물이 있어 경계의 의미와 함께 영역 내에 경관을 더한다.
- '새로운 언덕'의 안쪽 기존 구릉과의 사이에 기념관의 주요시설을 배치하여 주 진입로와 서로 간섭하지 않을 수 있는 외부공간을 만든다.
- 기념관으로 진출입은 관람경로의 다양한 경우의 수에 모두 반응할 수 있는 다중성을 가진다.

주 전시공간의 격리와 정위
- 주 전시공간을 홍보, 휴게, 판매, 관리 등의 일상적인 영역으로부터 격리해 내어 체험의 차이를 만드는 동시에 그 일상공간들이 방문객 센터의 기능으로 독립할 수 있도록 한다.
- 주 전시공간을 이루는 네 개의 육면체가 자오선을 따라 정확히 배열된다.
- 육면체의 높이(8m)는 인공구릉 위 나무의 높이(14-20)아래다. 진입로에서는 거리에 의해 쉽게 시야에 들어오지 않는다.

주 진입로(신정문에서 충무문 사이의 영역)

길이 250m, 넓은 폭 150m의 과도하게 열린 영역을 충무문의 스케일을 고려하는 동시에 진입의 체험이 보다 산책적일 수 있게 하기 위하여 다음과 같은 세 단계의 구성을 한다. 동시에 이 진입로와 기념관의 상관성을 고려한다.

첫째 단계, 신정문을 들어서면 주 진입로와 충무문의 전경이 그대로 드러나지 않도록 좀 더 제어된 폭을 만든다.

둘째 단계, 곧게 솟은 침엽수의 숲을 만들어 모호한 축선의 변화를 조절하고 그 숲 사이를 통해 충무문이 점차 드러나는 동시에 이 숲으로부터 기념관으로 접근도 선택(관람경로의 전제 참조) 될 수 있도록 한다.

셋째 단계, 숲을 통과한 경로의 끝에서 충무문을 중심으로 활엽수의 열식과 연속된 낮은 단들로 좌우 대칭을 이루는 마지막 영역을 만든다.

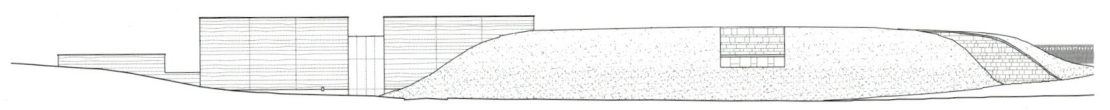

남측면도

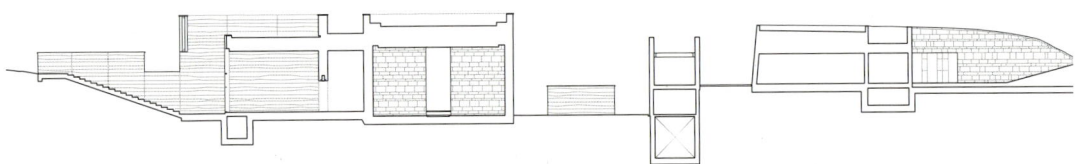

횡단면도

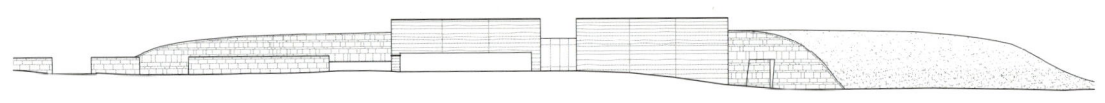

서측면도

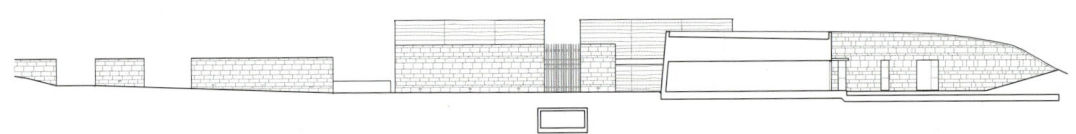

종단면도

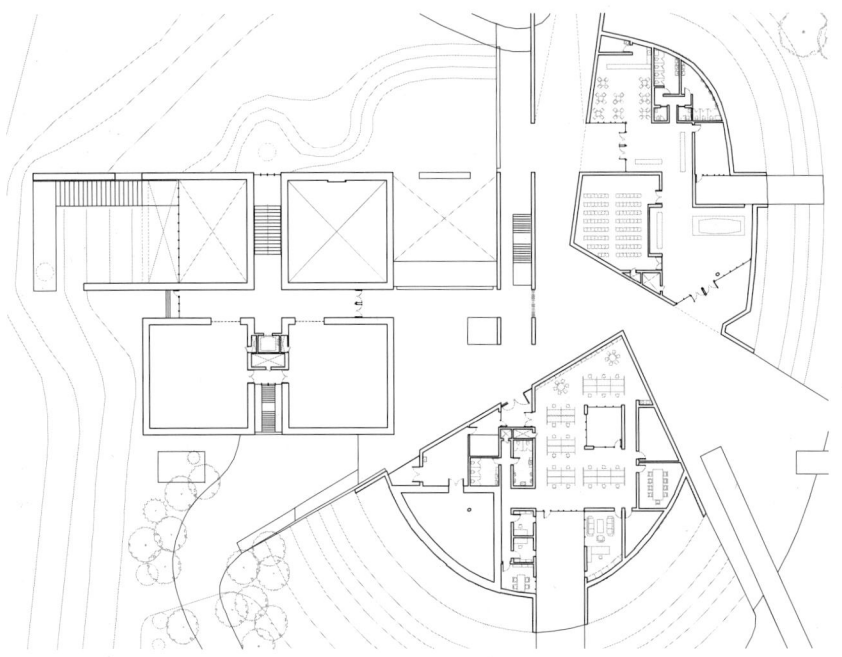

지상1층 평면도

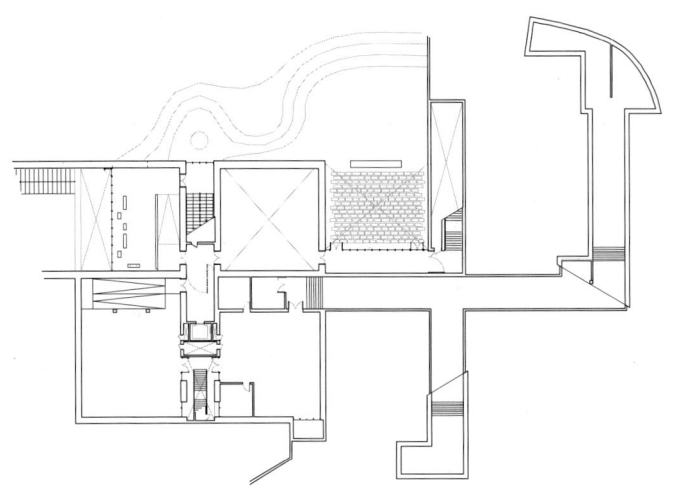

지하1층 평면도

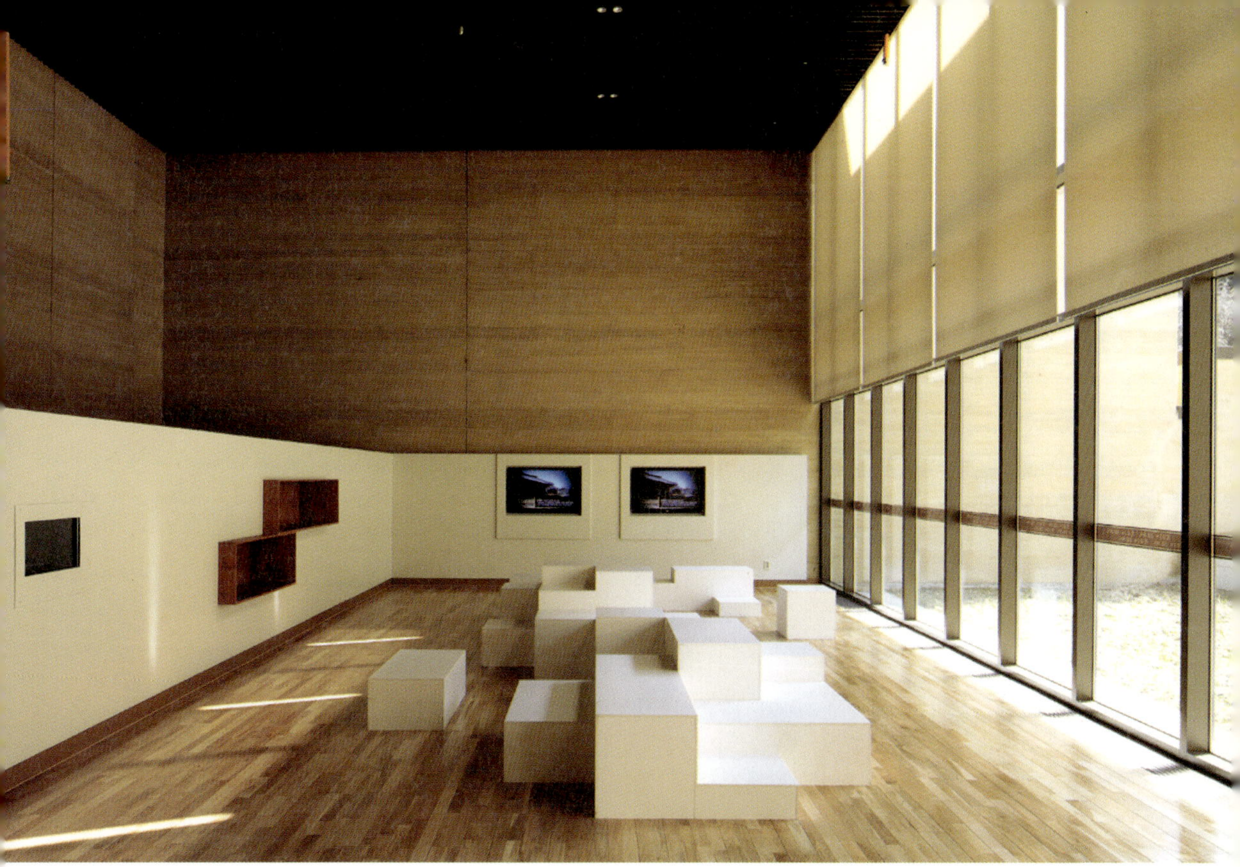

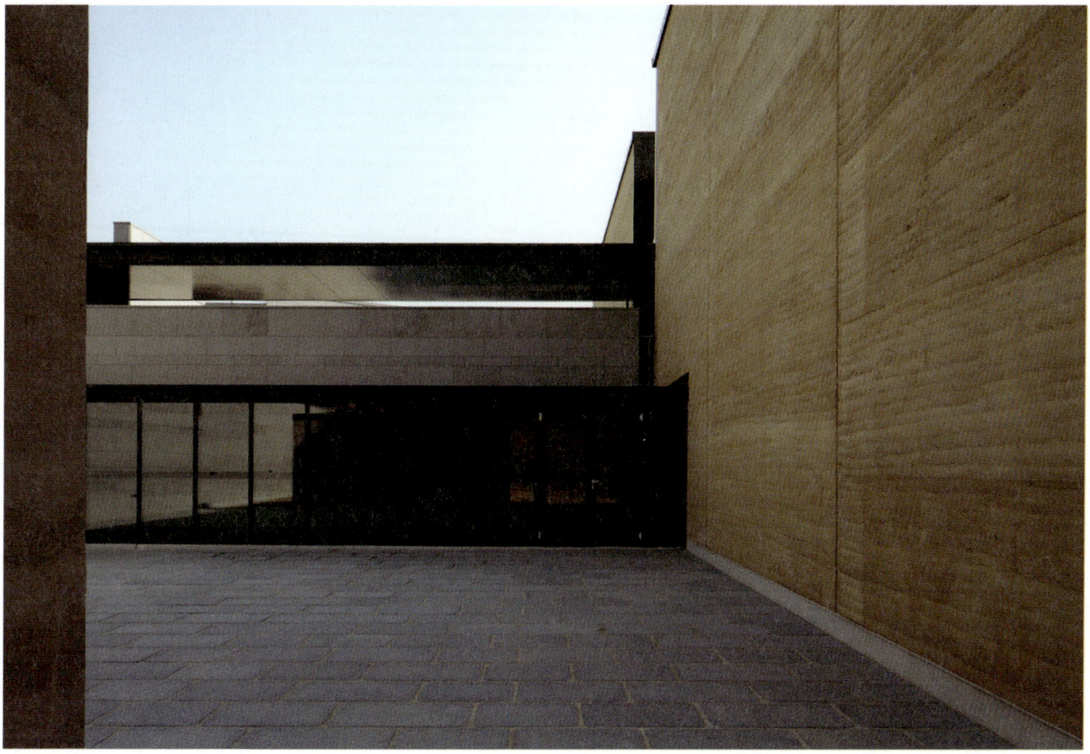

설계연도 2007
대지위치 서울시 중구 필동 2가 80-2외 4필지 한국의집 내
건축규모 지하2층 / 지상4층
연면적   4,590.46m²

2007
[한국의집 취선관]
Korea House Chwiseongwan

서.
콘크리트로 재현된 의사 전통건축이 오히려 상식이던 시절, 대목장 신응수의 작업이 제대로 펼쳐졌고 건축가 김수근 등의 적극적인 지원이 있었다. 그 결과 한국의 집은 공연장과 같은 새로운 기능들이 담겼음에도 전통적인 목조 가구조의 건물로 남아 주었다. 아쉽다면 불쑥 솟은 소슬문 안쪽의 행랑마당이 애초부터 을씨년스럽다. 경사진 마당에 차량과 사람이 뒤섞이니 해린관(海隣館) 중문 앞이 번잡스럽다. 이 마당에 취선루(翠扇樓)라는 시설이 어설피 앉아있다. 문화상품의 판매와 생활체험의 공간이다. 한류의 바람인지 남산 한옥골 때문인지 "한국의 집"이 감당할 역할이 점차 커진다. 이런 저런 정돈이 필요해진다.

계획은 취선루의 보완과 확충 그리고 기타 더 필요한 주차장, 사무기능 및 수장 기능을 해결하는 일이 우선이다. 그러나 그러한 기능적인 보완과 정돈은 그리 어려운 일이 아니다. 오히려 계획은 이 기회를 빌미로 그간 "한국의 집"에서 아쉬웠던 것들을 다시 생각해 볼 기회로 삼아야 한다. 방문객들이 가져야 할 공간적 경험의 아쉬움, 도시영역과의 관계설정 등이다. 그러한 것들의 보완과 더불어 새로운 건축적 과제-오늘 지어지는 새로운 시설과 기존 "한국의 집" 사이의 창조적인 대화-에 가장 중요한 목표를 설정해 본다.

상황과 대응
다시 생각해 볼 요소들과 그에 대한 계획은 다음과 같다.
상황 1. 자동차와 사람이 한 데 얽혀 매우 혼란스러우며 특히 버스의 경우는 더욱 심각하다.
계획 1. 사람과 차량을 수평, 수직적으로 분리한다.

상황 2. 그러한 혼란은 또한 한국 건축에서의 중요한 요소들인 접근의 경험과 건물이 이루는 외부공간의 질에 있어 척박한 경험을 만들고 있다.
계획 2. 차량에서 내린 지점, 입구로부터 해린관에 이르는 점진적 접근경로를 만들고 그 경로 상에 루하진입(樓下進入), 회절(回折), 점승(漸昇) 우각교차(隅角交叉) 등의 공간적 질을 확보한다.

상황 3. 그 속에 평면적인 개념으로 놓여있는 취선루는 오로지 기능적인 점유일 뿐이다.
계획 3. 취선루를 지하와 지상의 모든 레벨을 연결하는 결절점이 되는 동시에 접근 경로에서 공간적 경험을 만들어 내는 시설이자 그 자체가 세 개의 레벨에 따라 역할을 달리하는 입체적, 다면적 시설이 되도록 한다.

상황 4. "한국의 집"은 도시 속에 있음에도 도시의 일상영역과 격리된 일종의 섬과 같다.
계획 4. 그러한 격리를 피하기 위해 도시의 일상과 접촉되는 프로그램이 필요하다. 그러한 이유로 취선루 1층에 마련되는 문화상품관이 도시의 경관 속으로 노출될 수 있도록 하는 동시에 2층 공간 일부에 일상적 접촉이 가능한 찻집을 둔다.

전통
이상과 같은 취선루 재 계획을 통해 한국의 집이 가지고 있었던 기능적 과제들과 함께 공간적, 프로그램적 차원의 상황들이 극복된다 해도 앞서 언급한 새로운 건축적 과제-오늘 지어지는 새로운 시설과 기존 "한국의 집" 사이의 창조적인 대화-라는 중요한 쟁점이 여전히 남는다. 소위 취선루에서 어떤 종류의 구축을, 형상과 재료를 선택해야 하는가라는 즐거운 고민과 논쟁이다.

이 과제 각각에 대한 고민과 선택은 다음과 같다.
구축에 관하여
• 지하로부터 연속되는 콘크리트 라멘조 위에 목조 또는 철제 빔의

가구조를 혼용할 수는 있다. 그러나 요구되는 공간의 크기에 비해 목구조는 한계를 가지며 철구조는 특별한 의미를 가지지 못한다. 과제는 일정규모 이상의 양괴를 필요로 한다.
- 구축은 또한 당대성의 중요한 지표다. 취선루에서의 구축은 목가구조로부터 자유로운 위치다.

형상에 관하여
- 단정적으로 가구식 목조 및 기와지붕이 만드는 기존 한국의 집이 가진 형상과 취선루가 택하고자 하는 현대건축 어휘 사이의 즐거운 갈등이다. 기능적 조건과 그에 따른 구축적 제한이 쉽사리 전통건축의 재현을 허락하지 않는다.
- 취선루의 위치는 한국의 집 내에서 도시와 접점을 이루는 곳이다. 이곳을 통해 한국의 집은 도시 내의 고립된 섬, 관광객만 드나드는 특별한 시설이 아닌 도시의 일상적 삶과 잘 섞여나가는 것이 건강한 시설이 된다.
- 우리는 언제나 전통에 관한 해석학의 과제를 가지고 있다. 이는 지난 시기 가다머와 하버마스 사이에서 벌어졌던 전통 논쟁을 되돌아보게 한다. 그리고 그 논쟁 중 전통을 향한 우선적 권위 부여보다는 성찰적인 거리두기를 통해, 그리고 모더니즘이 가진 해방적 가치를 통해 그 대안을 모색코자 했던 하버마스의 입장에 관심을 가진다. 취선루가 바로 그 지점이며 전통과 현대 사이, 일상적 도시와 특별한 시설 사이의 "문지방"(threshold)이다.

재료에 관하여
- "문지방" 취선루는 건물이 되기보다는 그냥 하나의 벽이, 목적지를 향하는 공간이 되려한다. 따라서 추상이다. 벽이자 공간인 단순한 추상이기 위해 하나의 외피를 고안한다.
- 외피는 전벽돌과 같은 톤의 짙은 회색의 테라코타 판이다. 이 판이 외벽에 비늘로 붙어 벽과 개구부 모두를 덮는다.
- 기단부 높이 이하의 벽들은 화강석의 벽이다.

결과적으로 "오늘 지어지는 새로운 시설과 기존 "한국의 집" 사이의 창조적인 대화"는
1. 도시의 일상영역과의 접점이라는 위치적 특성에서
2. 전통과의 일정한 거리두기와 해방적 가치를 지닌 모더니즘의 추상을 선택하는 한편
3. 재료의 선택과 그 구법을 통해 추상의 질이 더욱 높아지는 방향으로 귀결된다.

행위들

식음, 관람, 혼례가 한국의 집에서 벌어지는 주요 행위들이다. 그에 더해 전통음식 조리체험, 생활체험과 문화상품의 판매가 따른다. 더해진 이 부분들이 취선루의 몫이다.

방문객들은 대부분 승용차, 버스 등의 차량으로 접근하며 혼례의 경우에는 대중교통에 의한 보행접근도 다수다. 여기에 취선루를 목표로 하는 보행접근도 증가되기를 기대한다.

계획이 의도하는 바는 한국의 집으로 향하는 대부분의 방문객들이 취선루 전면의 캐노피 공간에서 차를 내리거나 그곳까지 이르러 취선루에 의해 마련된 진입의 프로세스를 경험하는 것이다. 필로티를 지나고(樓下進入) 꺾어 돌아(回折) 서서히 행랑채를 향해 올라가는 것이다(漸昇). 이것은 과거의 한국의 집 바깥마당이 가졌던 차와 사람이 뒤섞인 혼란을 피할 뿐 아니라 그 마당에 이르기까지의 새로운 공간경험을 통해 한국의 집이라는 시설에 대한 경험의 폭과 깊이를 높여주려는 의도다.

이 길 첫머리에 문화상품의 전시, 판매가 이루어진다. 그리고 이것은 다분히 도시 내의 접점으로서 취선루가 가지는 역할을 의도하고 있다. 다시 말해 공공가로에 가까운 판매점이다.

취선루 2, 3층의 체험 시설은 가로 레벨에서 바로 올라설 수 있는 동시에 해린관 바깥마당으로부터 수평으로 연결된다. 장애인의 배려이기도 하지만 그 마당 공간과의 연계이기도 하다. 2층의 작은 찻집을 추가로 제안한

다. 바깥마당과 같은 레벨이되 적절한 거리를 가지고 있으며 진입하는 계단을 내려볼 수 있는 위치. 취선루의 도시적 역할을 배가시키는 곳이며 전망과 햇살이 모두 좋은 곳이다.
우천시 바깥마당에서 주차장 레벨로 내려갈 수 있는 보호된 통로가 있다.

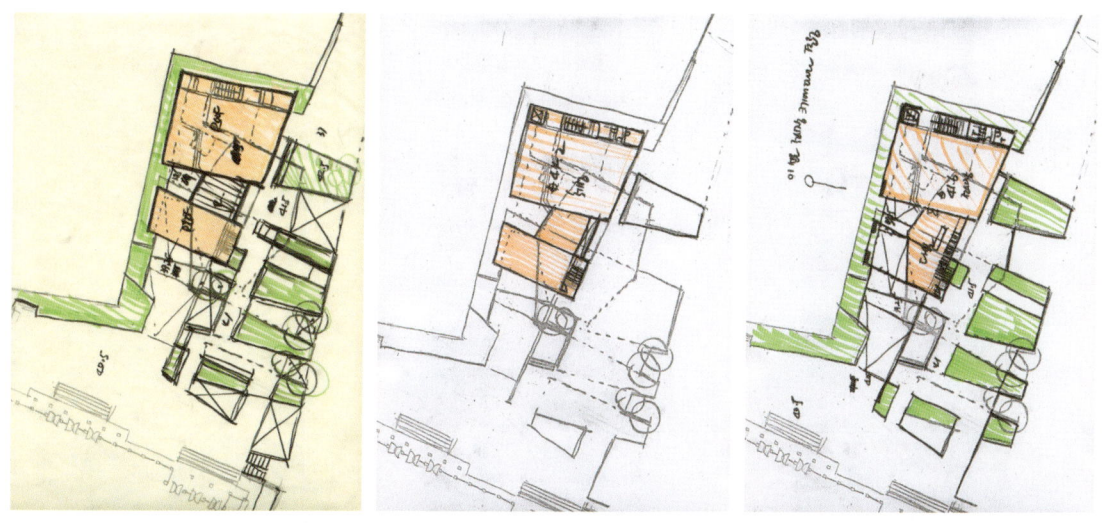

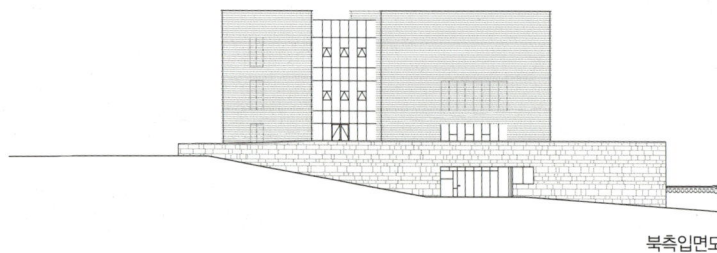
북측입면도

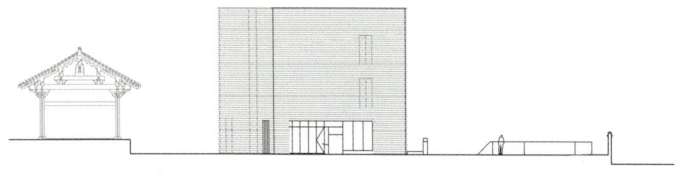
동측입면도

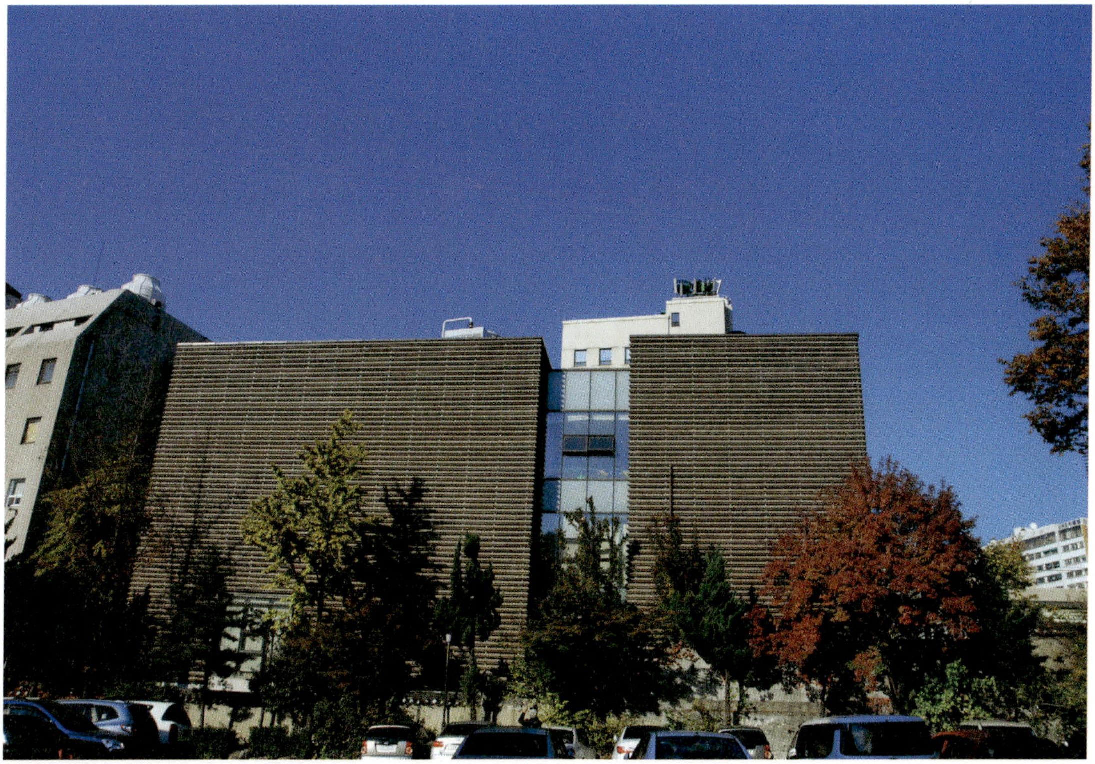

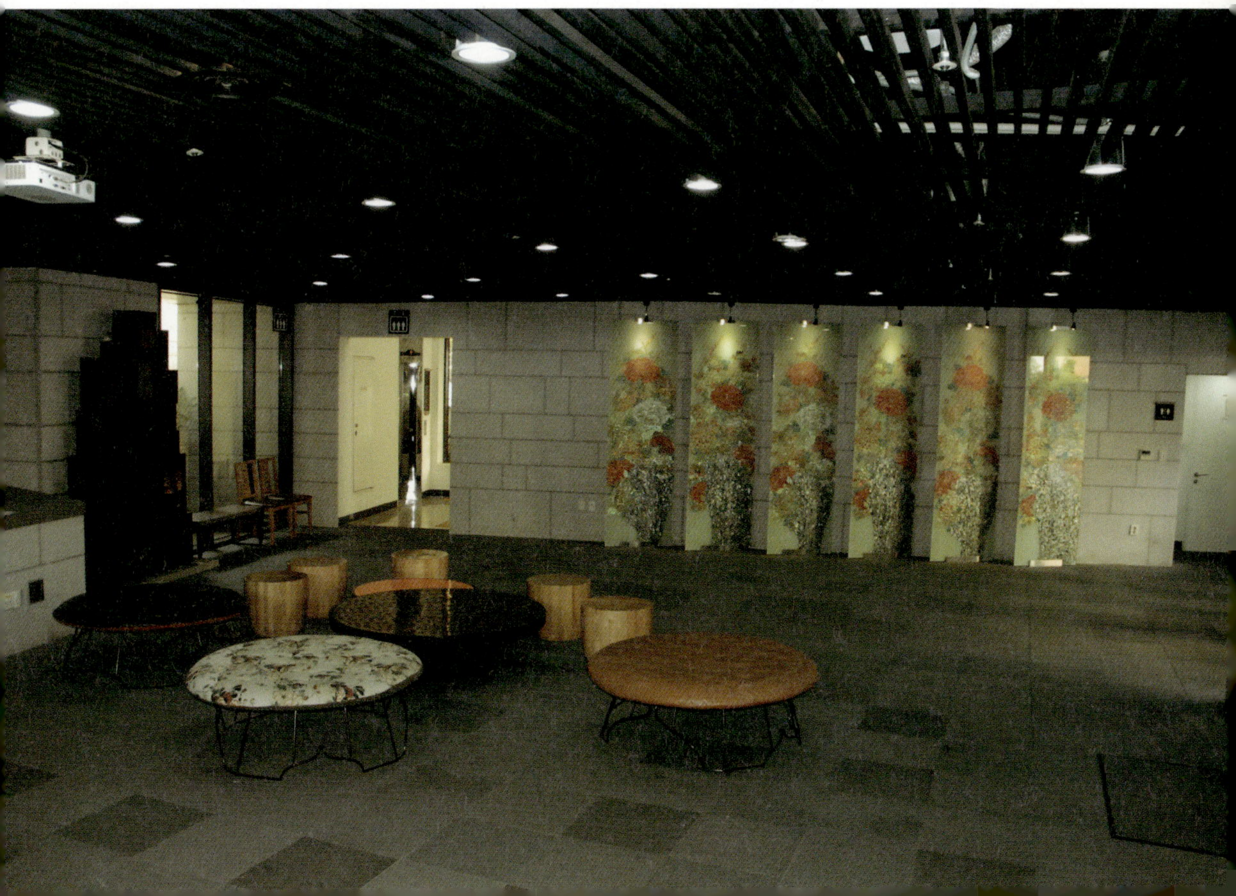

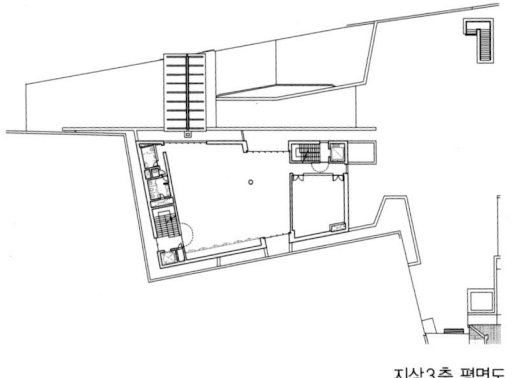
지상3층 평면도

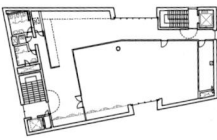
지상4층 평면도

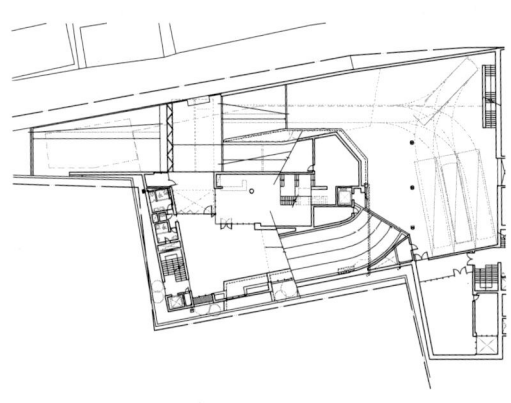
지상1층 평면도

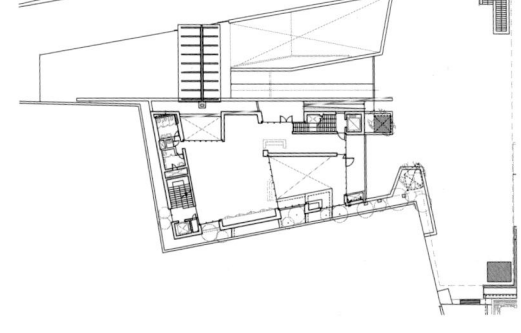
지상2층 평면도

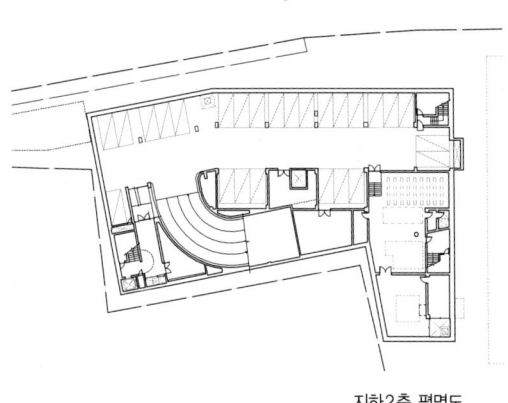
지하2층 평면도

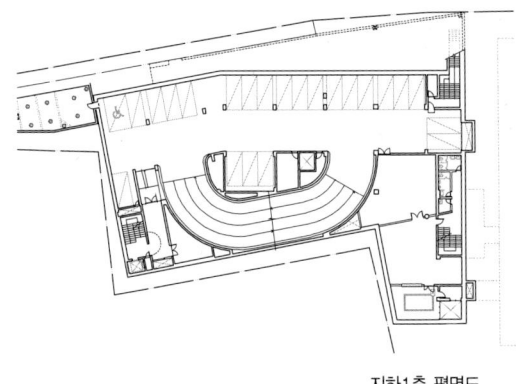
지하1층 평면도

설계연도 2008
대지위치 충청남도 아산시 염치읍 강청리 338-2
건축규모 지하1층 / 지상2층
연면적 6,020.87m²

2008
[아산시 산림박물관]
Asan Younginsan Forest Museum

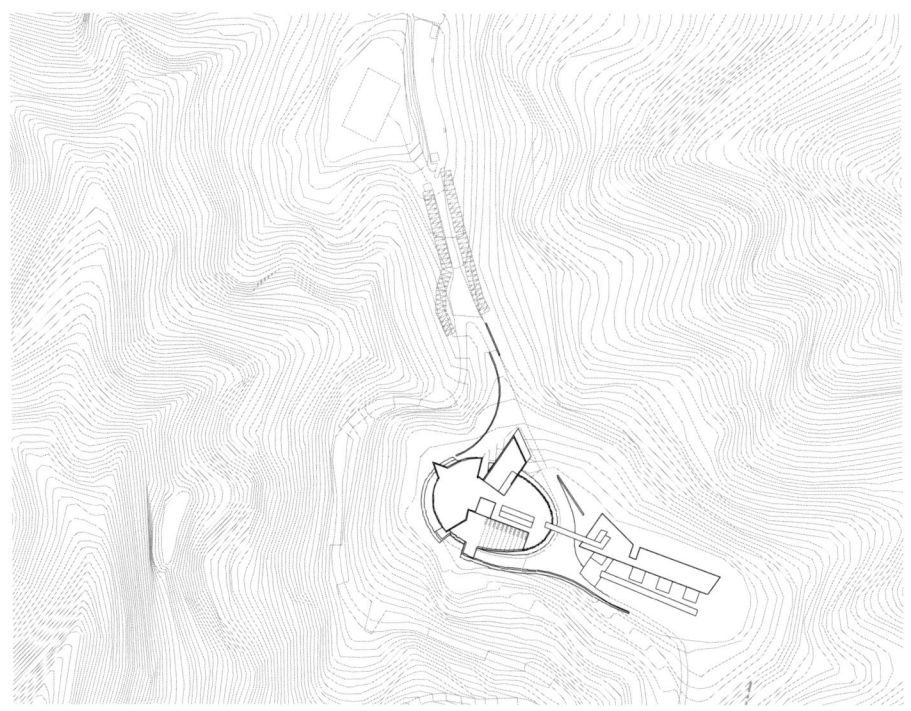

치유(治癒)의 풍경

서
1. 45억년의 지구 역사를 하루로 환산해 보면 오늘 지구의 주인인 양 행세하는 인류는 하루의 스물세 시간을 지나고도 5십 8분 4십 3초 후, 즉 자정을 불과 1분 17초를 남겨둔 시각이 되어서야 나타났던 존재일 뿐이다. 오스트랄로 피테구스라 해도 300만 년 전이며 오늘의 인류인 호모 사피엔스는 겨우 4만 년 전의 일이다. 지구가 가진 그러한 긴 시간의 층위를, 다시 말해 자연의 긴 호흡 속에 존재해 온 시간들과 오늘날 우리 눈앞에 펼쳐진 거대한 자연의 깊은 상호 연계성을 새삼 깨닫게 하는 일이 모든 자연사 박물관의 기본적인 역할이라 본다.
2. 45억 년의 지구 역사를 하루로 환산해 보면 식물이라는 계통의 생물이 출현한 것도 겨우 밤 열 시에 가까운 시각, 다시 역산 한다면 불과 4억 년 전의 실루리아기에 속하는 일이었다. 이후 데본기의 절멸 이후 번성한 새로운 식물 종들의 폭발적 증가가 산소와 오존층의 형성 등 오늘날 신생대 제 4기의 지구 생태계를 가능케 하는 엄청난 역할을 해냈다. 그와 같은 산림의 형성과정을 씨줄로 삼으며 현 생태계의 상황을 날줄로 삼아 각 세대에게 정확한 인식의 체계를 전달하는 역할이 자연사 박물관 중 특히 산림 자연사 박물관의 기본적 역할이라 본다.
3. 45억 년의 지구 역사는 또한 지각의 끊임없는 변동과 그에 따른 지질과 지형을 형성해 왔다. 지각을 지구의 맨틀 위에서 끊임없이 움직이는 판으로 간주하는 이론(판 구조론)에 의하면 오늘 우리가 보는 지형은 사실 지구의 전 역사에 비할 때 그리 오래지 않은, 불과 몇 백만 년의 결과임을 말하고 있다. 하지만 겨우 4만 년 전에 출현했던 호모 사피엔스가 단지 4 반세기 동안 이 땅에 가해 온 '지각변동'은 여기 아산 영인산 정상을 깎고 다듬어 확연히 다른 지형으로 변화시켜 놓았다. 아산 산림 자연사 박물관이라는 시설의 기본적 목표가 그것에 관련된다.
4. 45억 년 지구 역사의 끝 머리, 불과 몇 십 년 사이 변형된 이 영인산 정상에 아산 산림 자연사 박물관이 위치한다는 것은 도심이 아닌 산림의 한 가운데 산림의 심장 깊숙이 방문객들을 이끌어 들이고 체험하게 만든다. 그러나 더욱 중요한 일은 시설 내부의 전시를 통해 전달되는 수많은 설명에 앞서 시설 자체를 통해 인류와 자연 사이의 아주 작은 갈등부터 매만지기 시작하려 한다는 점이다.
그것은 잘려나간 지형을 대체하려 하는 전시관의 앉음새이며 그것을 통해 아산 산림 자연사 박물관이라는 시설이 우선 전달하려는 치유(治癒)의 풍경이다.

장소
영인산 최정상에서 이어지는 대지는 한때 군사적 필요에 의해 잘려나가고 이어서 현재의 청소년 수련원으로 그 용도를 바꾸어 왔다. 긴 접근로에 이어진 정상부의 조망은 사위에 닿으며 산림의 심장으로 그 자체 자연의 박물관으로 둘러 싸여있다. 수련원 시설의 낯선 풍경을 조절하고 등산로들과 섬세히 이어야 하는 과제와 함께 원래 그러했을 옛 지형이 궁금해진다.
대지와 연결된 등산로를 따라 이동하여 가장 가까운 남측 봉우리를 올라 바라본 대지에서 수련우너과 함께 새롭게 회복될 모습은 과연 무엇일지 생각에 잠기게 된다.

접근
영인산 휴양림을 지나 좁은 등산로를 거쳐 도달하는 대지는 차량의 접근을 쉽게 허락할 것 같지 않다. 박물관이라는 점을 감안하여, 등산로를 넓혀야 하는 이동수단인 차량보다, 풍경과 함께 오를 수 있는 모노레일_peak tram과 같은 2차적인 교통수단이 필요하다는 생각이 먼저 든다. 이것은 차후 계획에서 풀어가야 할 과제라고 인식하고 남겨두기로 한다.
박물관의 접근은 정상의 땅으로 도달하여 사위(四圍)의 모든 것을 보여주기 전에 박물관으로 진입시킨다. 그것은 접근의 편리함과 현재의 정상 레벨을 박물관으로의 진입 이후의 영역으로 만들어 관람 후반의 체

험 공간으로 만드는 동시에 관람이 끝난 후 맛보게 될 지붕 레벨의 극적인 경관 체험을 남겨두기 위해서다.

구축
잘려진 봉우리를 전시관 시설로 회복, 치유(治癒)시킨다. 박물관 조형은 정상의 대지와 상호 교감을 통해 유기적 결합이라는 전제로 접근한다. 박물관은 정상에서 연결되는 조형으로 새로운 대지를 만들어 내며 기존의 청소년 수련시설은 시설의 일부로 재편되어 외부의 체험학습 및 전시공간이 된다. 이 모든 시설들이 완만한 경사 속에 연결된다.
지형과 박물관의 결합을 통해 만들어내는 다양한 장면(Sequence)들은 또 다른 자연경관으로 전환되어 다가온다. 그것이 구축되는 장소든, 그 장소를 벗어나 관망하는 장소든 그 경험은 가능할 것이라 기대한다.

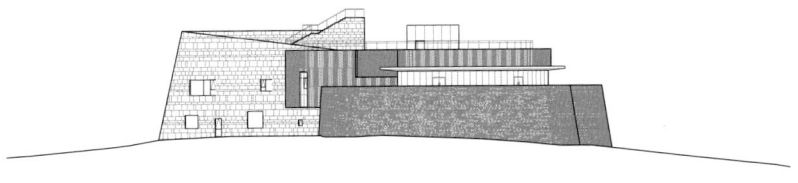

입면도-1

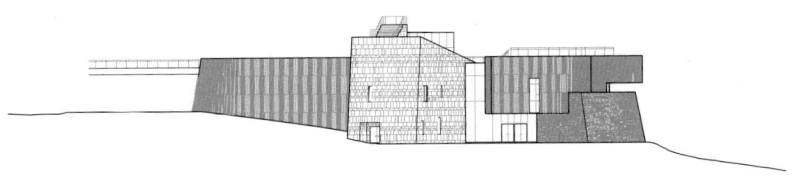

입면도-2

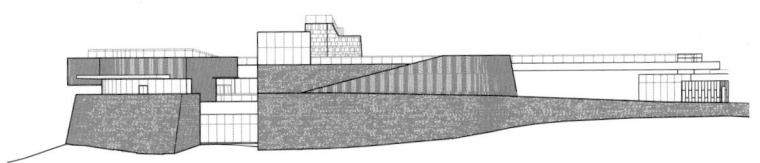

입면도-3

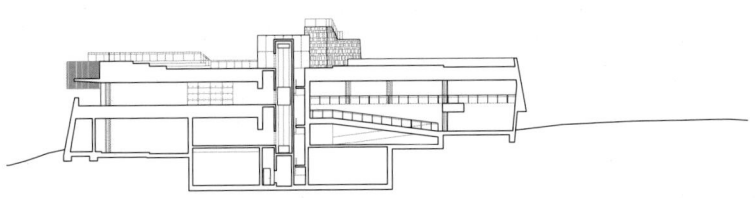

단면도

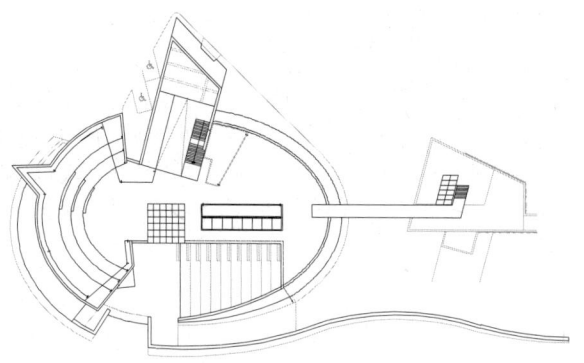

옥탑지붕 평면도

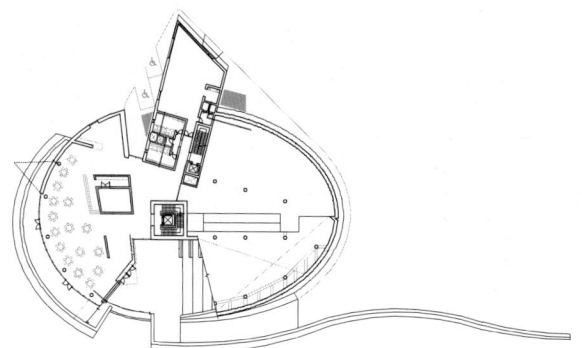

지상2층 평면도

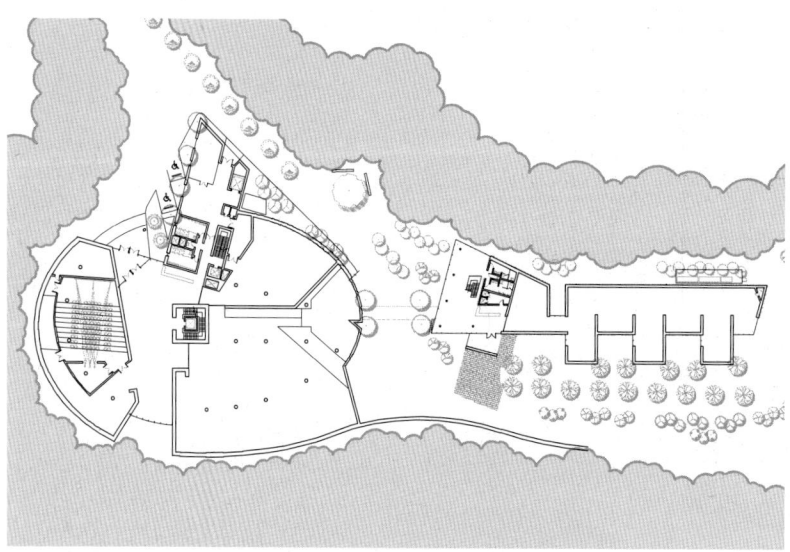

지상1층 평면도

설계연도　2009
대지위치　경기도 성남시 분당구 이매동 41
건축규모　지하2층 / 지상4층
연면적　　2,197.47m²

2009
[분당 이매동 타운하우스]
Bundang Imaedong Town House

日月風林의_집

거주의 의미
옛 사람들은 지리, 생리, 인심, 산수를 들며 좋은 집과 집 자리를 말해 왔다. 하지만 오늘날 도시 속에 만들어지는 많은 집들 중 정말로 좋은 집, 집 자리는 어떻게 말해져야 하는지……
아마도 변할 수 있는 것과 변할 수 없는 것이 있을 것이다. 가족의 구성, 생활과 취향 등은 변할 수 있어도 *해와 달 그리고 바람과 숲* 등은 변할 수 없는 것에 속할 것이다.
이매동, 이곳에서의 삶은 이 곳 외부의 일상적 세계로부터 돌아오는 일과 또 그 세계를 향해 떠나는 일이 반복되는 삶이다. 그 사이 시간의 충만한 거주를 실현하는 곳이다.
충만한 거주란 바로 *해와 달 그리고 바람과 숲*으로 교감되는 생활 속에서 세계를 향해 떠나고 다시 돌아올 수 있는 힘을 축적할 수 있는 그런 삶이다.
이매동 단지는 도시 한가운데 놓이면서도 도시 바깥에 있다. 숲이 이어지며 냇물을 따라 흐르는 바람이 바로 옆을 스친다. 해와 달을 흠뻑 만나기 위한 과제만이 남았다.

두 매스
집의 기본적인 앉음새는 크게 두 부분으로 나뉜다. 그렇게 나눔으로서 집의 마당과 넓게 만나며 난다. 그리고 그 사이에 집안 이곳저곳으로의 잦은 움직임을 받아주는 밝은 계단이 있다. 밝은 계단과 복도를 거쳐 갈 때마다 네 가지 자연의 변화를 극적으로 누린다.

두 곳의 마당
집은 두 레벨에 걸친 두 곳의 마당을 가진다. 한 층의 높이 차이를 가진 두 마당은 내부의 공간과 이어지고 또 서로 연결된다. 위의 마당 못지않게 아래의 마당 또한 네 가지 자연의 변화를 누리는 데 부족함이 없다.

두 가지의 방
집에는 보통 그 쓰임이 분명하거나 한정된 방들로 이루어진다. 침실, 거실, 식당 등의 이름으로 부르는 것들이다. 이매동의 집에서는 그 이외에 가족의 구성에 따라, 생활의 변화에 따라 대응하는, 쓰임이 고정되지 않은 방들을 함께 가진다.

백 가지의 삶
각기 둘의 성격으로 구성된 매스, 마당, 방들은 네 가지의 자연과 만나며 시간과 장소에 따라 다양한 삶, '백 가지의 삶'을 구성한다. 그 삶들로 해서 매일 만나는 하루하루가 이매동의 집 속에서는 조금씩 서로 다르게 펼쳐진다.

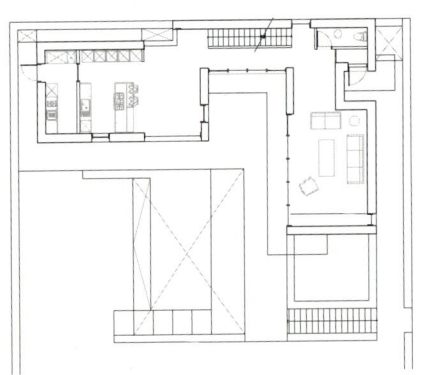

5LOT_지상1층 평면도

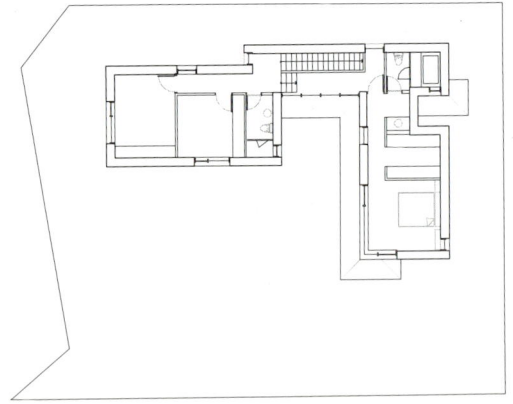

5LOT_지상2층 평면도

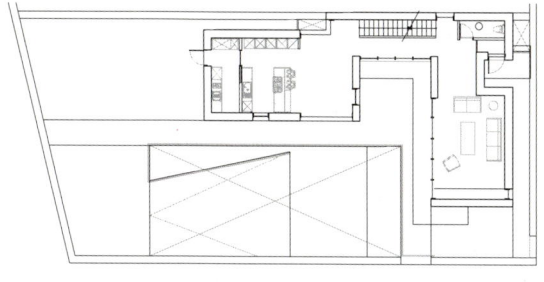
8LOT_지상1층 평면도

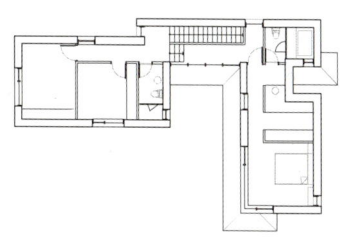
8LOT_지상2층 평면도

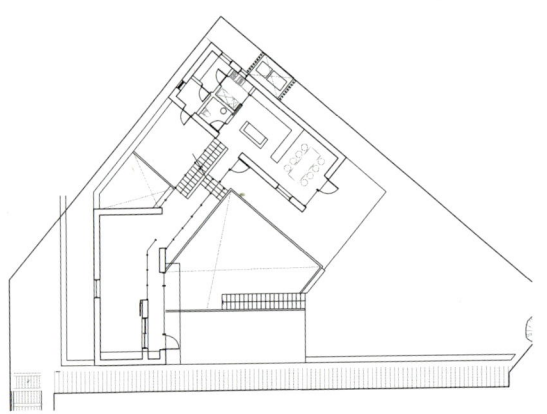

12LOT_지상1층 평면도

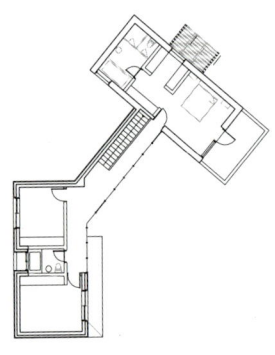

12LOT_지상2층 평면도

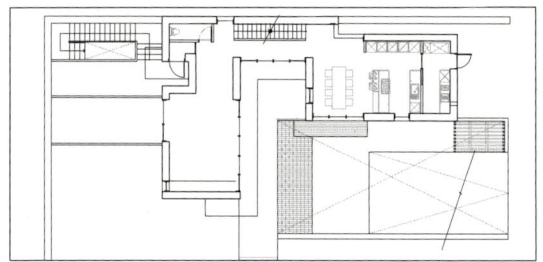
17LOT_지상1층 평면도

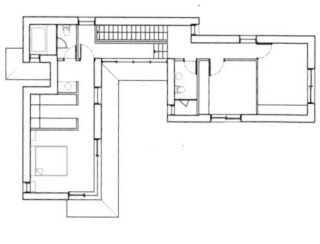
17LOT_지상2층 평면도

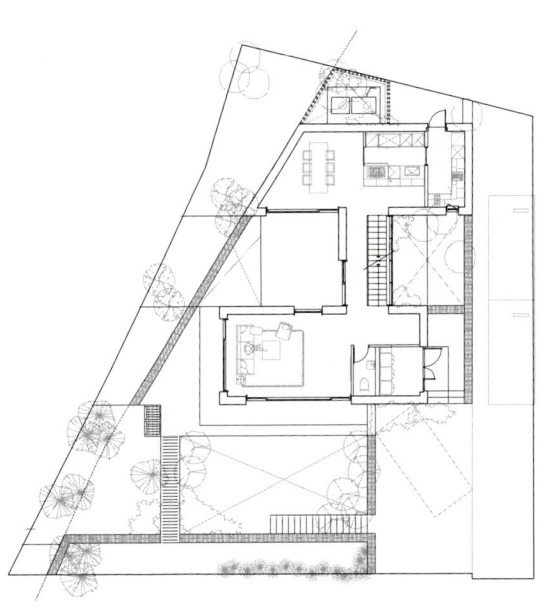
22LOT_지상1층 평면도

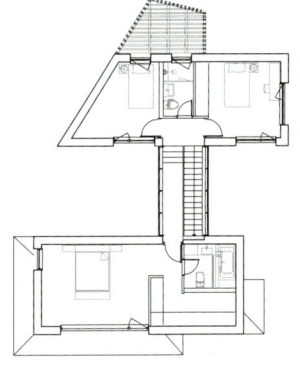
22LOT_지상2층 평면도

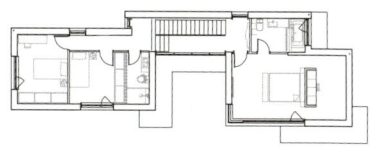

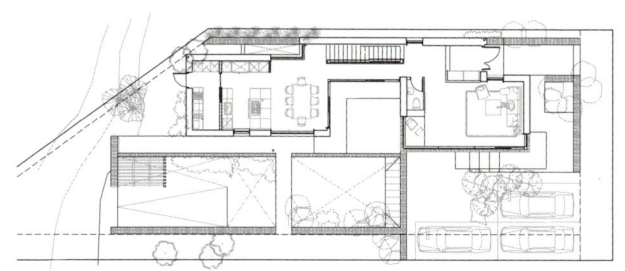

24LOT_지상1층 평면도　　　　　24LOT_지상2층 평면도

설계연도 2010
대지위치 충청북도 영동군 황간면 노근리 683-3번지 일원
건축규모 지하1층 / 지상2층
연면적   1,891.75m²
수상   2013 한국건축문화대상 우수상

2010
[노근리 평화박물관]
Nogunri Peace Memorial Museum

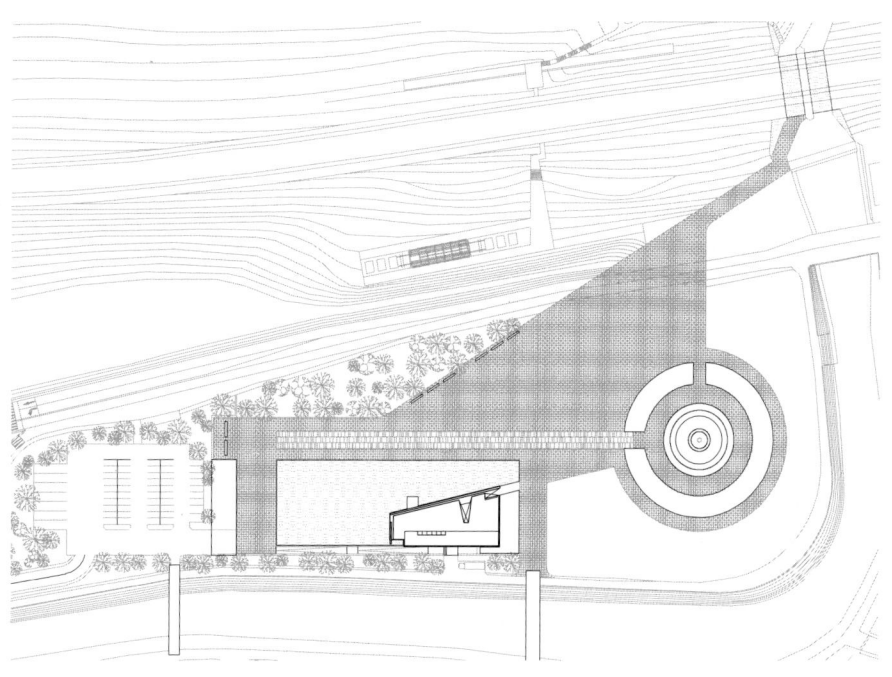

노근리 역사 평화박물관 – 노근리 사건

어떻게 바라 볼 것인가?
150인이 숨졌다. 13인의 행방을 모르고 55인이 다쳐 장애를 얻었다. 1950년 7월 26일에서 29일의 일이었다. 그러나 그 숫자들도 정확치 않다. 훨씬 더 많은 사람들이 사흘 밤낮 동안 쌍굴 다리 안에서 두려움에 떨었다. 그리고 생사를 갈랐다. 반세기가 흘러갔다.
아무도 책임을 말하지 않았다. 진상도 알 수 없었다. 사건은 분명 있었으되 어디에도 없었다. 수천의 유족들은 위패 없는 제사를 올려야만 했다. 유족 일부의 끈질긴 노력에도 진실은 재구성 되지 않았다.
아니 오히려 은폐되기도 했다.
전쟁의 비극, 우발적 사건이라 했다. 다른 피해들과 묶어 위무되려 했다. 그러나 속속 드러난 기록들이 입을 열었다. 노근리 이곳에서의 사건이 결코 전쟁이란 큰 비극 속에 묻힐 작은 사건이 아님을. 특별법이 공포되었고 위령사업이 진행되고 있으나 진실은 아직 멀다.
노근리의 사건은 역사로 말해지기에는 아직 많은 부분이 남겨져 있다.
평화를 말하기에는 여전히 주체와 대상이 불분명하다.
분명한 것은 오직 희생자들의 공포와 유족들의 크나큰 고통뿐이다.

집단기억
노근리의 사건이 우리의 표면으로 떠 오른 것은 오로지 유족들의 기억 때문이었다. 그들의 활동이 있었다. 그로 인해서 역사적 기록의 조각들이 드러났을 뿐이었다. 그 기록의 조각들을 앞에 놓고도 정확한 사실은 역사로 인정되지 못하고 있다.
우리가 직접 경험한 일들은 자전적 기억에 속한다. 역사적 기억은 역사적 기록을 통해서만 접할 수 있는 기억을 말한다. 하지만 우리에게 노근리의 기억은 여전히 활동적인 과거다. 그러기에 단지 우리의 정체성을 계속 구축해 나가는 집단기억의 과정에 속할 일이다.
하지만 집단기억의 과정에는 사건을 둘러싼 욕망들 사이에 어떤 긴장이 놓여있게 된다.
국가기관들, 피해의 당사자들 그리고 관찰자들의 욕망이 있다. 보편의 사회적 기억으로, 생애의 자전적 기억으로 그리고 인류의 교훈적 기억으로 갈린 긴장이 있다.

긴장의 상태가 정리되지 않은 노근리에서 '역사'와 '평화'를 말하는 공원은 아직 불안정하다. 또한 '역사'와 '평화'를 말해야 하는 박물관은 공허하게 시작될 수 밖에 없다.
공허하게 시작되는 건축은 집단기억으로 향하는 과정을 지켜보는 건축이다.

반 기억
공식화된 역사에 대항하는 기억을 '반 기억'이라 부른다. 반 기억은 개개인의 경험이자 파편화된 기억이다. 자칫 제도화 되려는 기억의 틈새를 비집고 개입하려는 기억이다. 섣부른 기념비와 추모의 상징이 가진 공식적 기억의 아우라를 벗겨내는 기억이다.
'반 기억'을 세우는 일에는 개인의 체험이 중요하다. 특히 그의 몸에 각인되는 체험이 소중하다. 그럴 때의 체험은 정지된 곳으로부터의 시각을 넘어 움직이는 육신에 가해지는 공간성이 우선된다.
노근리 사건에 대한 집단기억의 과정은 현재진행형이다. '역사평화박물관'에서는 현재까지 드러난 '사실'만을 전달할 수 있을 뿐, 온전한 역사도 누군가를 향한 평화도 아직은 외칠 수 없다. 시간을 두고 공식화되려하는 어떤 역사를 오랫동안 지연시키려 할 뿐이다.
현재진행형의 집단기억 과정을 지켜보아야 하는 '노근리 역사평화박물관'은 '반 기억'의 건축이 되려 한다. 그것은 방문자의 몸에 공간으로 개입하려 건축이 되려 한다. 그 개인의 개별적 체험이 누적되어 우리의 정체성을 계속 묻는 건축이 되려 한다.

노근리 역사 평화박물관 - 건축
널따란, 하지만 그다지 의미를 찾기 힘든 역사평화공원 내에 한조각 박물관 부지가 주어져 있다.

고민과 재조정
박물관 위령탑 그리고 사건의 현장(쌍굴주변)은 위치상 그리고 의미상 더 없이 긴밀한 관계에 있다.
그러나 주어진 조건, 즉 기존의 계획안은 세가지 요소중 사건이 환기하는 잠재적 의미에 접근하는데 어려움이 있다. 방문자의 실제적 경험이 되어야 할 장소로서 주어진 대지를 고민하기에 앞서 몇가지 풍경을 조정하는 것을 제안한다. 박물관은 그러한 풍경속에 하나의 부분이 될 것이다.

시작 - 방문객 센터와 게이트
다양한 수단으로 도착한 방문객들은 낮은 천장을 가진 게이트에 서게된다. 오른 편에 이어지는 벽을 따라 나아갈 길이 보인다. 그리고 반사연못 저편에 박물관이 서있다. 방문객 센터는 나오는 길에 들릴 일이다.

물 - 반사연못
앞으로 나아갈수록 물이 더 넓다. 그리고 박물관이 더 비추인다. 철길과 쌍굴다리의 현장은 아직 멀고 밀식된 나무들로 짐짓 가려있다.

서서히 내려가는 길
벽을 따라 수면 아래로 점차 내려간다. 저 앞쪽에 물이 떨어지는 작은 소리가 들린다. 그리고 이내 박물관의 입구에 도달한다.

입구 홀
친절한 안내가 따르지 않아도 갈길을 선택할 수 있다. 영상이 있는 방을 들려도 좋으며 꺾인 벽으로 안내되는 전시 공간으로 들어서도 좋다.

전시공간 1
오로지 '사실'(fact)들만 열거된다. 개전 초기의 당황스런 상황들, 군사적 기록, 피난 또는 강제 소개령 등을 배경으로 영동읍의 주민들이 겪은 사건 직전의 상황들이다. 그리고 마지막으로 현재까지 확인된 노근리 사건의 사실들이다.

터널전시
쌍굴 다리의 공포와 고통을 복원하는 어두운 통로다. 그러나 복원은 가능하지 않다. 피카소의 '아비뇽의 처녀들'과 같은 예술이 그 복원을 가능케 할 수 있을 뿐이다.

전시공간 2
갑자기 공간의 반전이 있다. 공간이 굴절되고 밝아지며 오르는 계단이 있다. 계단은 점차 넓어진다. 아무것도 애써 전시되지 않는다. 벽에 뚫린 구멍에 가까이 귀를 대면 작은 소리가 들린다. 무슨 소리인지 정확치 않다.

전시공간 3
집단기억으로 나아가려는 노근리 사건을 지켜보는 공간이다. 사건을 사건화 시킨 모든 노력들이 전시된다. 그리고 현대의 전쟁 속에 스러져 간 여러 나라, 여러 민중들이 기록된다. 그러나 빈칸들이 남아 있어 앞으로 더 기록될 것들을 기다린다.

제례의 길
전시공간을 나서면 위층으로 연결되는 계단이 있다. 계단을 오르는 것은 선택적이다. 계단은 위층에 마련된 '유족의 방'으로 안내한다. '유족의 방'은 바깥으로 한껏 돌출되어 노근리 사건의 현장을 한 눈에 조감 시킨다. 박물관이 방문객에게 전달하는 가장 확실한 사실은 이미 세상을 달리했거나 아직도 남아있는 유족들의 고통이다.

박물관의 출구
출구를 나서면 다시 물과 대면한다. 그러나 물과의 사이에는 시선을 가르며 갈라지고 뚫린 고통의 벽이 서 있다. 이 벽을 따라 걸어가는 시선 끝에 조형물이 놓인다.

최후의 박물관
지나온 박물관보다, 그리고 맥없이 서 있을 조형물보다 더욱 생생한 사건의 현장이 저 앞에 있다. 광장의 포장은 국도 사호선의 일정 범위까지 연장되어 현장으로 이끈다. 철길, 옹벽의 탄흔들, 쌍굴다리의 바랜 벽들 그리고 그 너머의 무상한 자연이 최후의 박물관으로 방문객을 기다리고 있다. 어설픈 열차, 캐노피, 안내판 들은 생생한 현장에서 치워져야 한다.

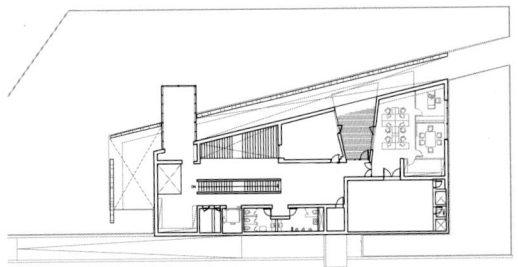

지상2층 평면도

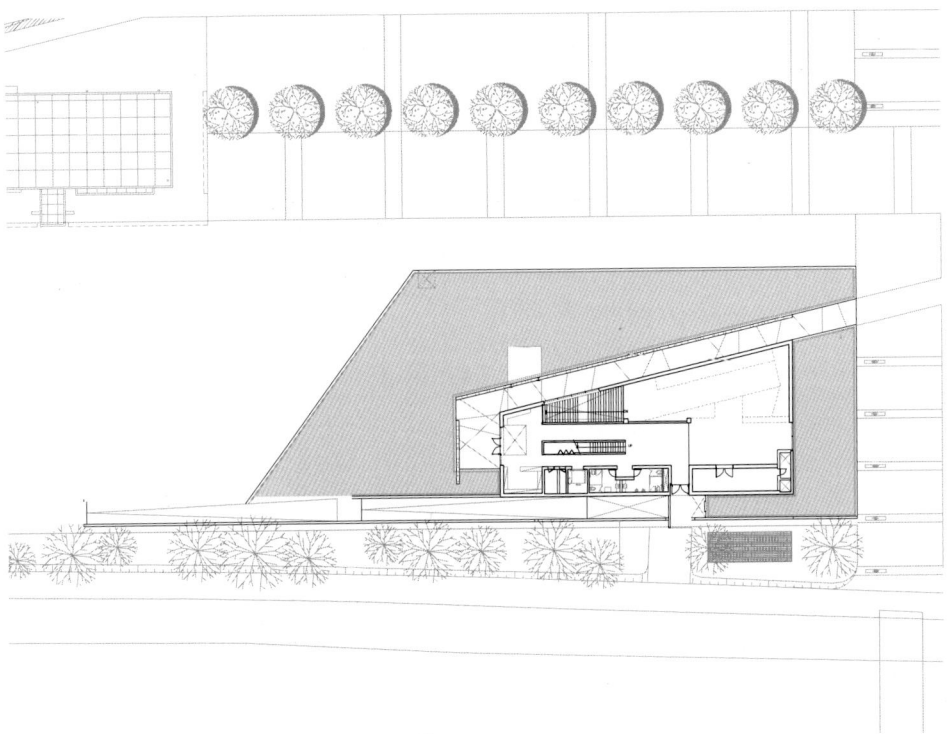

지상1층 평면도

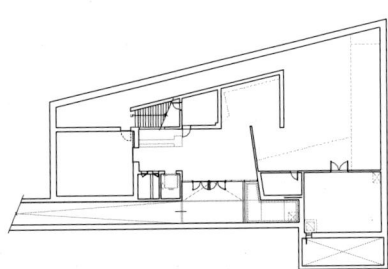

지하1층 평면도

설계연도   2010
대지위치   제주도 서귀포시 색달동 산 26번지 일원
건축규모   지상2층
연면적   C블럭 16동, 216.49m²
수상   2012 한국건축문화대상 우수상

2010
[제주 롯데 아트빌라스]
Jeju Lotte Art Villas

제주에서의 삶의 경험은 외부의 일상적 세계로부터 돌아오는 일과 또 그 세계를 향해 떠나는 일의 총체적 결합이고 이 곳은 그 사이 시간의 충만한 거주를 실현하는 장소이다.
충만한 거주란 바로 해와 달 그리고 바람과 숲으로 교감되는 생활 속에서 일상을 향해 떠나고 다시 돌아올 수 있는 힘을 축적할 수 있는 그런 삶이다.
집은 두 레벨에 걸친 두 곳의 마당을 가진다. 한 층의 높이 차이를 가진 두 마당은 내부의 공간과 이어지고 또 서로 연결된다. 위의 마당과 더불어 아래의 마당 또한 네 가지 자연의 변화를 누리는 데 부족함이 없다. 숲이 이어지며 냇물을 따라 흐르는 바람이 바로 옆을 스친다. 해와 달을 흠뻑 만나기 위한 과제만이 남았다.
높이가 서로 다른 두 마당을 통해 공간이 연결되고 자연과 소통하는 교감의 집. 자연의 변화를 시계 삼아 사는, 해와 달 그리고 바람과 숲이 통하는 집이 일월풍림(日月風林)의 집이라 할 수 있다.
하부의 지면과 레벨을 같이하는 지상1층은 마스터룸과 서브 마스터룸 그리고 별도의 중정 등 사적인 공간으로 구성한다. 특히 마스터룸은 내부의 연결이 되어있지만 한쪽의 별도의 영역에 위치하여 독립적 이미지를 부여한다.
상부의 지면과 연결되는 지상2층은 거실과 식당 그리고 별동의 서재 등의 공용공간으로 구성한다.
별동의 서재는 때로는 가족실이자 게스트를 위한 공간으로 이용되고 작은 툇마루와 전용의 옥상데크를 갖게되어 이용 구성원의 다양한 요구에 대응할 수 있도록 배려한다.
서로 다른 두 레벨에서의 접근이 가능한 경사지를 이용한 배치는 내부에서 두 레벨을 연결하는 구릉지를 형성하여 자연지형의 흐름이 자연스럽게 집을 통하여 연결되어 도심에서 볼 수 없는 독특하고 환경친화적인 특색을 갖는다.
외벽의 주 재료는 제주석과 금속패널을 적용한다. 지면에서 올라오는 매스는 기단의 성격을 갖게되며
제주도의 특성을 가장 잘 살릴 수 있는 제주석으로 계획한다.

제주도는 화산섬으로서 화산원지형이 많이 남아 있으며 완만한 경사의 오름은 현무암질 순상화산으로 전체적으로 용암평원을 형성한다. 지표면의 대부분은 투수성이 강한 다공질 현무암이며 암석에는 용암내의 기화성분으로 인한 기공(氣空)이 내포되어있다. 현무암 표면의 흐름이 부드러운 곡선으로 이어진다는 점과 다공질이라는 외형적 특징을 살려서 매스의 구성이 지형의 흐름과 유기적으로 결합하는 형태를 갖도록 하고 선큰마당과 중정등의 기공(氣空)의 설치로 자연과 접하는 영역의 다양성을 표현한다.

제주 롯데리조트의 계획에는 다음의 원칙을 적용한다.
- 대지 주변의 기존 녹지축을 대지 안으로 끌어들임으로써 연속성 유지
- 대지 전체를 연결하는 수직, 수평의 그린네트워크 구축
- 보전지역과 대지를 연결하는 녹지축을 따라 보행로를 형성함

- 지표
  - 건축의 매스는 최소화한다.
  - 지형의 흐름을 이어나간다.

- 풍경
  - 기후의 변화와 함께한다
  - 하늘과 지형의 기운을 같이 지각한다

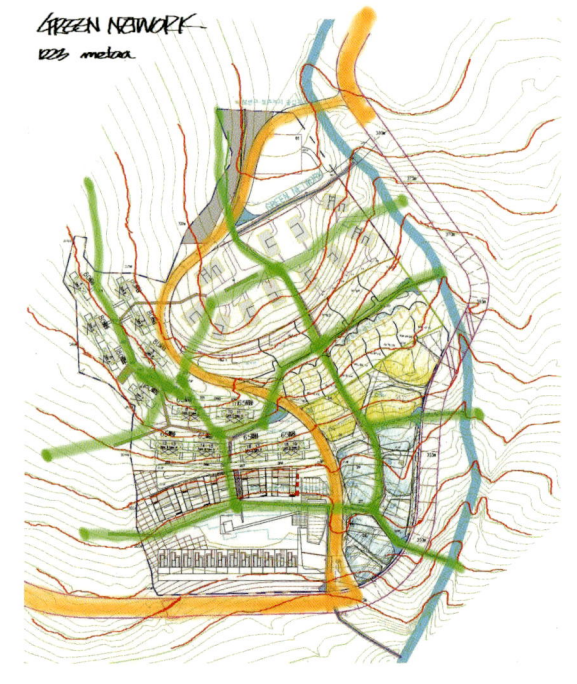

롯데리조트는 다섯 명의 건축가의 협업으로 이루어진 다섯 개의 블록으로 구분된 단지이다.
그 중 나의 과제는 블록 C의 계획이고 이 대지는 긴 선형의 특징을 갖고 있으며, 남측과 남서측으로 멀리 중문의 바다를 향해 열려있다. 이 대지는 해발 357M에서 377M 사이의 약 20M의 단차를 갖고 있으며 대지의 경사도는 15%에서 25% 사이에서 분포하고 있다.
대개의 경우 우리는 건축과 자연 사이의 관계성에 관한 문제에 직면하게 되고 가능한 한 자연의 보존과 결합에 관한 노력을 하게 된다. 그러나 금번의 경우에는 자연 그대로의 모습을 유지하는 방안 보다는 새로운 두 번째 자연을 조성하는 문제에 고민하였다. 자연과, 자연을 고려한 건축이 직접 만나는 방식 대신 자연과 건축이 결합하여 새로운 자연과 새로운 건축을 형성하는 방안을 제시한다.
지형의 흐름은 건축과 만나면서 green mat라 칭하는 상부조경으로 이어지며 지형의 변화는 이를 통하여 해결하여 하나의 건축에 다양한 레벨이 조성되며 여기에서 생성되는 틈들이 일상의 영역이 되도록 한다. 개발의 논리에 의한 밀도의 문제는 건축과 건축의 사이 영역에서 자연의 흐름으로 여유를 주어 인접한 세대 간의 간섭을 최소화 하며 이 또한 새로운 자연으로 구분하여 단지 전체의 이미지가 끊어지지 않는 연속성을 갖는다. 롯데리조트를 이용하는 이들에게는 건축과 자연 그리고 새로운 자연이 결합된 이 공간에서 자연과 나누는 많은 이야기가 벌어지기를 기대한다.

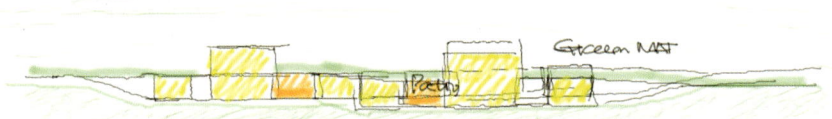
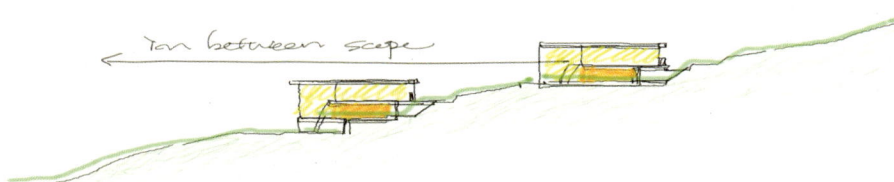

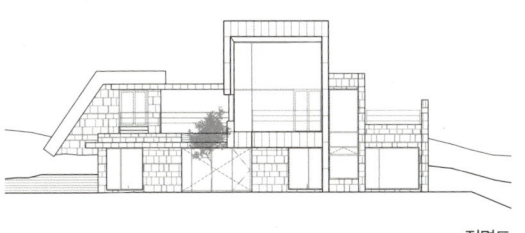

정면도

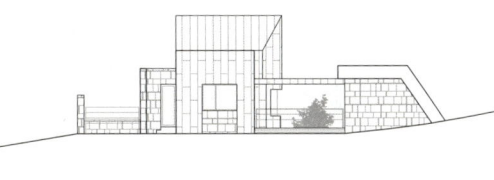

배면도

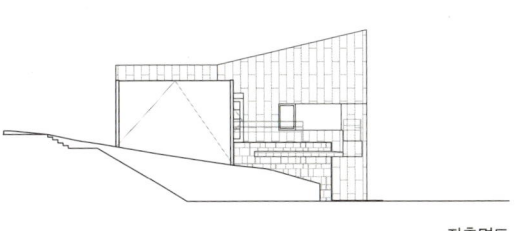

좌측면도

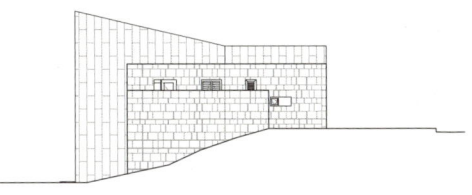

우측면도

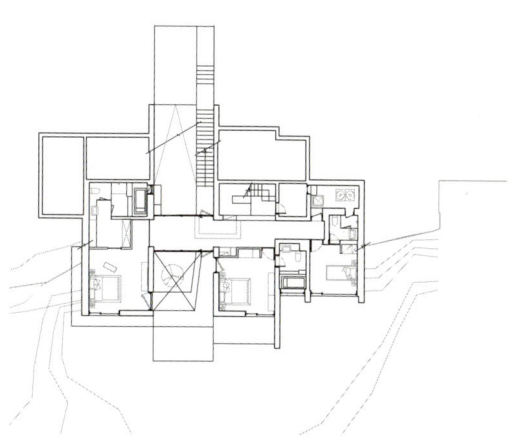
지하1층 평면도

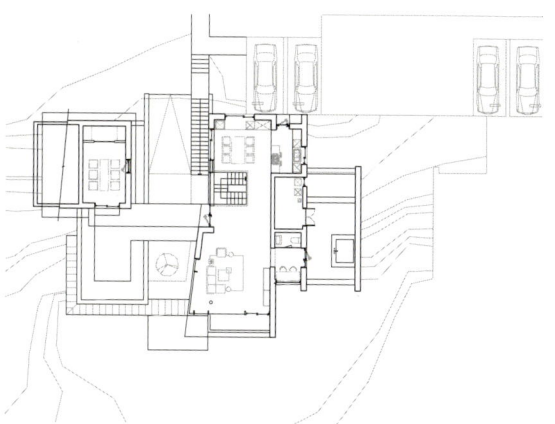
지상1층 평면도

설계연도   2011
대지위치   서울시 종로구 동숭동 1-124
건축규모   지하2층 / 지상1층
연면적   997.90m²
수상   2014년 한국건축문화대상 우수상

2011
[대학로 마로니에 공원]
Marronnier Park

하이퍼폴리스의 기억술, 마로니에 공원 계획 Mnemonics in Hyperpolis, Maronier Park

2012년 4월, 마로니에 공원

2012년 4월, 4년 동안 진행된 서울 대학로에 있는 마로니에 공원 프로젝트의 온갖 행정절차를 모두 마친 바로 그 다음 날 이 글을 적고 있다. 낯 선 투로 시작되는 글, 이어지는 긴 글 모두에 이해를 구한다. 이 장소의 귀중함, 공공과제에서 요구되는 긴 시간의 사회적 합의 과정, 그리고 망각의 도시 '하이퍼폴리스'에서도 우리가 기억을 말할 수 있는지 등, 기록될 의미들이 충분하기 때문이다. 2008년 여름, 한 일간지에 연재하던 칼럼으로 시작해 본다.

마로니에 공원, 생성의 공공영역으로

아르코 미술관, 테라스가 백미다. 밤에 특히 좋다. 그러나 거기까지. 다음 시선을 기다리는 것은 노래처럼 슬픈 마로니에 공원이다. 거기 옛 모습 그대로 측은하게 있다.(중략)

모든 것이 휘발하는 이 도시에서 변화가 곧 미덕은 아니다. 하지만 우리는 이 공원의 시작을 안다. 그리고 그 황당한 태생을 문화로 재편했던 대학로 장소 만들기의 신화를 역시 안다. 문화로 다시 태어난 넓은 영역 내에서 이곳 마로니에 공원은 그 기원이자 거점이다. 문제는 그 이후 그에 걸맞은 아무런 변화가 없었다는 점이다.

(중략)문리대 자리는 주택지로 팔려나갔다. 조금은 겸연쩍어 작은 공원 하나 남겼다. 바로 이곳이다. 이후 30년, 공원은 그저 그런 도시 공원의 모습으로, 적당히 문화적 냄새를 풍기는 그런 공원으로 살아남았다. 아니 사실 점점 더 나빠졌다. 내용이 단단하지 못한 도시 공간은 사소한 욕망들의 침입을 계속 받게 마련이다. 어느 날 하회탈이 새겨진 분수가 생겼고 정말로 볼품없는 큰 지붕이 덮였다. 조형물, 기념물들이 불쑥 들어왔다. 예총회관에는 군더더기 매점이 붙고 티켓박스, 청소년 선도용 컨테이너까지 자리 잡았다. 미술관의 새 통나무 문은 망가지는 공원과 헤어지고 싶은 미술관의 마음을 드러내고 있다.

그런 가운데서도 대학로 장소 만들기의 신화가 진행되었다. 공원 동쪽에 면해 나누어 있던 여섯 필지 위에 붉은 벽돌의 새 미술관이 문을 열었다. 공원이 만들어진 후 4년, 1979년의 일이었다. 그 중 한 필지는 김수근의 기증이었고 동시에 그는 이 정책의 제안자이자 미술관과 공연장의 건축가였다. 공연장 역시 공원 북쪽 주택지들을 다시 합했다. 지금의 이름으로 아르코 예술극장, 미술관 그리고 문화예술위원회 본관이 마로니에 공원을 온전히 에워싸게 되었다. 그리고 그 힘은 마치 옛날 문리대의 문화적 유전자를 복제하는 듯 문화지구 대학로, 동숭동을 만들어 나갔다. 그러나 그 한 가운데, 남루한 이 공원에서 그 힘과 변화는 아직 잠재력일 뿐이었다.

이제 그 잠재력을 어떻게 불러낼 것인가. 잠재력에 힘입어 서로 소통하고 관계를 맺는 도시 공공영역으로 어떻게 만들어 갈 것인가. 수많은 방법이 있을 수 있다. 상투적인 녹지, 잡다한 시설들을 비우는 계획만으로도 잠재력의 일부는 드러날 수 있다. 하지만 우선 계획의 과정을 모색해 보고 그 과정 자체를 근사한 축제로 만들어 보자. 누가 이곳을 누리게 될지, 여기에서 어떤 사건들이 기대되는지. (중략)

그렇게 말하는 이유는 이곳은 어느 공공영역 보다도 여러 다른 곳과의 네트워크가 더더욱 중요한 곳이기 때문이다. 이를테면 남산에서 동대문 그리고 낙산 공원을 흐름으로 이어가려는 서울시의 과제를 보자. 그 흐름 끝 낙산 아래로 대학로 전체 영역이 있고 이곳 거점이 있다. 또 그 옆에는 방통대의 캠퍼스, 뿐만 아니라 대학로 이곳저곳에 스며들어 온 여러 대학의 도심 캠퍼스들이 있다. 선한 인자들이다. 길에 묶여 가두어진 좁은 정책들을 이곳에서는 좀 더 넓고 지혜롭게 펼쳐내야 할 이유가 거기에 있다.

공공영역의 네트워크는 더 많은 사건을 부르고 사건은 예기치 않은 생성을 지속시킨다. 그 한 가운데 마로니에 공원이 있다. 문화도시 서울의 한 거점, 문화 공공영역의 잠재력으로 우리를 기다리고 있다. 서둘지 말며 한 걸음씩 함께 나설 때가 되었다. (이종호)

그러던 어느 날, 그저 그런 모습으로 30년을 지내온 '근린공원'이 '재정비 기본계획'이란 이름으로 조달청 입찰에 등장했다.

동기/ 도시공공영역, '입찰' 되다.
입찰은 토목 엔지니어링 회사가 대상이었다. 한 회사가 낙찰되었고 그 회사의 임원으로부터 내게 연락이 왔다. 메타의 옛 스탭이었다. 내가 대학로에 앉아서 오랫동안 마로니에 공원에 관심을 가지고 있다는 것을 잘 아는 터였다. 이런 과제가 '입찰' 되었다는 점은 한심하지만 협업 제안은 반가운 일이었다.
나무를 정리하고 바닥을 포장하는 과제에 웬 건축하는 자인가 싶었는지, 발주 기관의 담당들(2008~10년)은 좀 뜨악해했다. 대학로 전체에 대한 이야기, 문화, 도시의 기억 등, 과업항목에도 없는 이야기에 당혹해 하는 것은 이해할 만 했다. 협의하는 과정은 한 편, 교육의 과정이었다. 공식, 비공식의 논의들이 그런대로 잘 진행되고 여러 심의들 또한 무사히(?) 완료해 주니 그때서야 조금 태도가 달라지기는 했다. 하지만 마로니에에 대한 인식의 근본적 차이는 끝내 좁혀지지 않았다.
어쨌든 기본계획은 끝이 났다. 다음 단계 작업을 기다리는 가운데 지방 선거가 다가왔다. 나중에 알게 된 일이었지만 그 사이 구청에서는 또 다시 이런저런 다른 구상이 진행되고 있었다. 지역 상인들의 요청으로 지하주차장 계획이, 공연 예술인들 희망으로 지하에 큰 공연장 그림이 따로 그려지고 있었다.
2010년, 가을 새로운 단체장이 선출되었다. 신임 구청장에게는 마로니에 공원은 이미 각별한 과제였다. 녹지과의 새로운 담당자들 모두 이전보다는 시야가 넓었다. 우여곡절 끝에, 묻혀있던 기본계획이 다시 테이블 위로 올라왔다. 그 점 내게 다행이었으나 이전과는 또 다른 갈고 긴 논의의 과정이 시작되었다. 공연관계자들, 대학로 포럼 등의 시민단체들, 주민들을 비롯해 대학로에 관계하는 온갖 분야의 사람들과 단체들이 논의의 대상이었다. 그뿐 아니라 이곳에 작품이 설치되어 있는 작가, 문리대 이적지 기념물을 남겨 놓은 서울대 동창회, 김상옥 열사의 유족회, 장애우 협회 등등 아주 넓은 범위의 대상들이었다. 그 많은 사람들이 가진 희망과 그들 사이의 갈등 모두가 다 드러났고 논의되고 조정되었다. 긴 과정은 적어도 우리 사회의 공공적 과제의 진행에서는 이제 본격적인 협치, 즉 '거버넌스(governance)의 과정'이 절대적인 단계로 들어서고 있음을 역력히 보여주는 일이었다.

과정/ 가버넌스 과정의 진수를 겪다.
지하로 위치시켰던 공중 화장실은 논란을 거듭하다 지상으로 올라왔다. 마침 있었던 도심 홍수의 경험이 한 층 깊이로 내려가던 야외 공연장을 완만한 깊이로 조절시켰다. 그것들 말고도 논의가 당초의 계획을 변화시킨 것들이 적지 않다. 서로 이유가 닿는다면 기꺼이 조정될 수 있었다. 도시 연구 과제를 진행할 때마다 강조해 마지않던 '협치'라는 그 단어 아니었던가. 하지만 대부분의 중요한 계획들은 지속되었다. 그 중 하나는 마로니에에서의 인식 영역에 관한 것이었으며 그것을 위해 필수적인 한국 문화 예술위원회와의 협력이었다.
나는 오래전부터 이 공원의 태생적 한계가 무엇인지 알고 있었다. 그것은 눈에 보이지 않는 관할의 문제였다. 모두의 인식 속에 마로니에는 공원과 건물 영역이 하나이지만 기실 그 속에는 구청과 위원회 사이에 소유 영역이 엄연히 나뉘어 있다. 한 때 이 모든 영역의 관리가 문예진흥원(위원회의 전신)에게 위탁된 시기도 있었지만 어설프게 조각공원을 시도하다 실패한 일도 있었다. 따라서 처음부터 예술위원회와의 대화는 무척 중요한 일이었다. 그러나 그 때, 시키지도 않은 대화를 시작한지 얼마 안되어 예술위원회 김정헌 위원장의 해임 사태가 일어났다. 논의의 상대가 다시 정해지기까지는 한참을 기다려야 했다. 다시 두 기관 사이의 대화를 중재하게 된 것도 지방선거가 끝나고 계획이 재개된 직후였다. 김종영 신임 종로구청장은 그 자신 설계사무소를 운영하던 건축가다. 그러니 긴 설명이 필요 없었고 문화예술위원회의 이해, 구청의 재정적 양보가 쉽게 맞물렸다. 그렇게 해서 마로니에 공공영역은 계획과 관리의 경계선이 없는 하나의 영역이 되었다.

생각/ 최대화. 최소화. 최적화.
마로니에 계획은 '공원'계획을 넘어 하나의 중요한 '도시 공공영역'의 계획이어야 했다. 공공영역과 공원은 넓은 의미에서 서로 교집합의 관계를 가지지만 그것을 도시의 공공영역으로 부르게 된다면 둘의 차이는 분명해진다. 도시 공공영역이란 시민들이 자본 또는 제도의 영향을 벗어나 자발적인 소통과 연대를 구할 수 있는 공공성의 영역이다. 한걸음 더 나아가 도시학자 조명래의 말을 빌리면 도시 공공영역은 한 사회가 함께 살아가는 공간, 즉 삶의 공공성이 발현되고 보장되는 사회적 영역이다.

대부분의 공공영역은 공공에 의해 설정되고 그 틀 속에서 성장해 나간다. 그러나 마로니에는 독특하다. 대학교 교정이 엉뚱하게 주택가의 근린공원으로, 다시 우연찮은 과정들이 포개어 지면서(위에 서술되어 있듯) 자발적 조직화의 과정을 거쳐 잠재력 가득한 도시 공공영역으로 진화해 나온 특이한 장소라는 점이다. 계획은 단지 그 잠재력을 현실화 시킬 수 있는 통로를 준비해 주는 일이면 충분했다. 그것이 세 가지의 원칙, 즉 인식 영역의 '최대화', 시설의 '최소화', 환경의 '최적화'라는 아주 단순한 원칙이었다.

인식 영역의 '최대화'는 이미 달성되었다. 이 영역 내에 있는 보이지 않는 경계선들, 이유 없는 도로들이 사라지고 보이는 담장들 역시 지워지기로 되었다. 시설의 '최소화'는 가능한 한 지상을 비워내는 일이다. 한전 시설물, 거대한 야외공연장 시설, 근린공원 시절부터 누적된 잡다한 시설들이 그 대상이다. 환경의 '최적화'는 어쩌면 경관의 문제다. 관목과 교목, 침엽과 활엽이 혼재하는 풍경을 활엽 교목의 본래적 풍경으로 만들어 내는 일 또한, 적어도 새로운 공원 심의 이전까지는 그리 어려운 일이 아니었다. 때로 나도 심의를 하는 자리에 앉아보지만 작업의 주체는 분명해야 한다. 다른 세계관을 작업에 섞으려 하면 그게 어디 심의인가. 참으로 안타깝다. 광화문 광장이 저 꼴인 것은 장소의 존재 자체가 불안한 이유도 있지만 시민들에게 유예되고 비워 있어야 할 장소에 온갖 상징의 이유가 달린 값싼 욕망들을 너무나 많이 채워 놓았기 때문이다. 마로니에 역시 마찬가지다. 공공이 돌보지 못했음에도, 아니 돌보기는커녕 계속 장소를 망가뜨려 왔음에도 스스로 공공영역의 잠재력을 길러온 이곳에 또 무슨 상징을 심으려 한다는 말인가? 마로니에 나무들 보다 더 중요한 상징이 있을 것이며 무엇이 더 필요하단 말인가? 한심하게도 그런 허망한 요청 등에 의해 반년의 시간과 노력을 더 허비해야만 했다.

전개/ 마로니에 나무보다 중요한 것이 이곳에 또 있을까?

1. 1929년에 심어졌다는 마로니에 나무. 학교에서 주택단지로 다시 '문화지구로 바뀌었어도 세대를 잇는 기억으로, 장소의 이름으로 남은 것이 그 나무의 이름이다. 기실 이곳에 마로니에는 여덟 그루뿐이다. 나머지는 나이가 꽤 된 은행나무, 버즘나무들이지만 이 장소는 마로니에라는 이름으로 젊음, 문화, 도시에서의 푸르름이라는 아우라를 이어오고 있다. 이곳에서 마로니에는 장소 형성과정의 전형적인 에이전트이며 이 영역의 잠재력을 만들고 또 붙잡고 있는 아주 강력한 주체다. 그런 이유로 이곳에서 그와 같은 잠재력을 발현시킨다는 일은 마로니에(다른 활엽수들을 포함하여)를 온당하게 이 장소의 주체로 자리매김 시키는 것으로 시작될 수 있다고 본다.

2. 나무는 이 영역 내에서 '위치'하고 있다. '위치'로부터 솟아 가지를 뻗고 그늘을 만든다. 여럿이 모여 장관이다. '위치'는 이곳에서 가장 오래된 상수였으며 그 상수 아래에서 수많은 활동과 사건들이 변수처럼 일어났다. 앞으로도 그럴 것이다. 그러니 그 '위치'가 장소 잠재력의 근원이다. 그것보다 더 중요한 것이 없다. 점과 점들 사이의 역학이 만들어내는 보로노이(voronoi)도형의 의미가 최적화될 수 있는 '위치점'들이다.

3. 나무들 이외에도 이곳에서 벌어졌던, 그리고 벌어질 것으로 예상되는 주요한 활동의 '위치'들이 있다. 주위의 흐름 속에 다수가 모이게 되는 곳, 정적인 머묾이 필요한 곳 들이다. 공연이 벌어지거나 쉬는 곳에서 필요

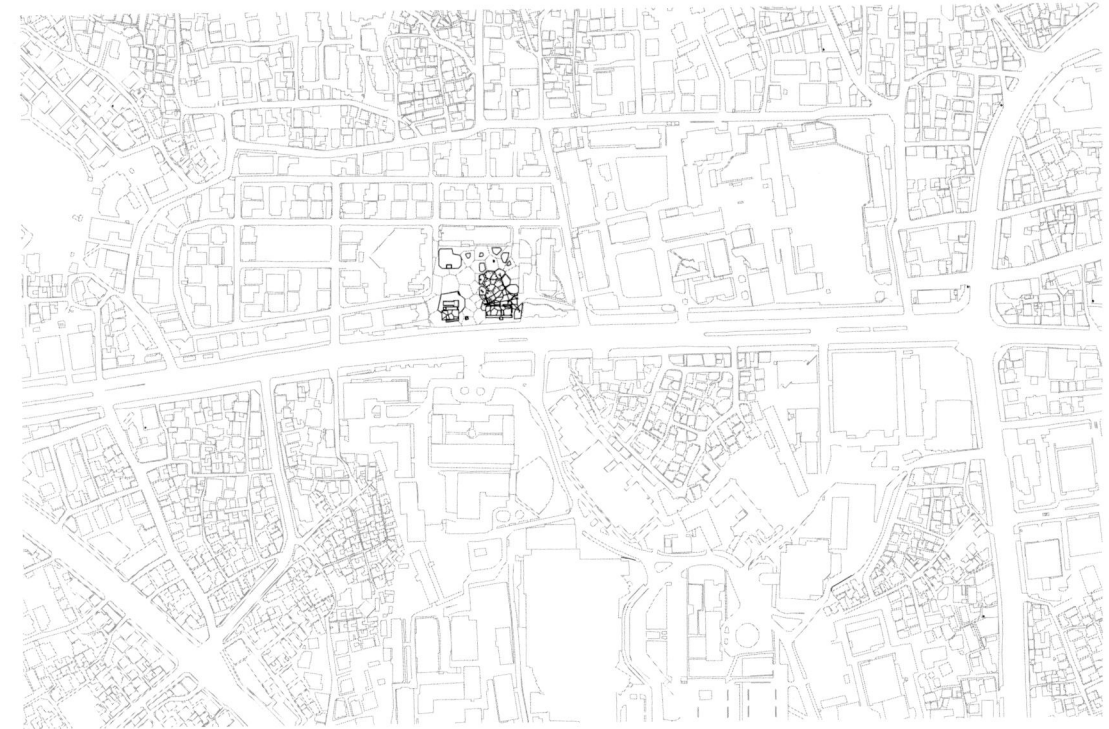
광역배치도

한 작게 나뉜 영역들도 있다. 주변에서 이어지는 흐름이 마로니에 영역과 만나 섞여 들어와야 하는 지점도 있다. 그 지점들 또한 활동의 영역을 생성하고 구성하는 '위치점'들로 간주된다.

4. 미술관은 마로니에 영역 뿐 아니라 대학로 전체 도시장소 형성의 시발점이다. 주택가로 팔린 동네를 대표적인 문화지구로 바꾼 장본인이다. 묘하게도 미술관과 공연장의 입구는 편심으로 있다. 옛 문리대 본관도 그렇다. 이 편심들이 회전하듯이 마로니에 공원에 움직임을 주고 있다. 이 건물들의 외곽선과 함께 건물들이 주는 움직임들과 관계하는 선들이 있다. 뿐만 아니다. 대학로 차도는 이 영역 앞을 비스듬히 휘어 지나간다. 그리고 방통대로부터는, 앞으로 개방될 위원회 영역을 따라 들어오는 흐름을 적극 받아들이게 된다. 수많은 흐름의 관계선을 따라 지상의 시설들이 최소한으로 자리 잡는다.

5. 지상의 시설들은 하나는 공중화장실, 다른 하나는 마로니에 안내소이자 지하 공간 연결체다. 그저 투명한 유리상자다. 나무의 위치로부터 자라난 보로노이 선들이 바닥의 패턴과 나무 밑 벤치를 만들고 야외극장이자 쉼터의 작은 높이 차이를 만들었으면 족했다. 그런데 웬일인지 한 걸음 더 나가고 싶어졌다. 그 유리상자의 구조가 되었고 외벽을 타고 내려오는 배수관으로까지 영향을 주고 말았다. 과도하지 않기를...

하이퍼폴리스(가설)
하이퍼폴리스(Hyperpolis)는 서울로 대표되는 아시아의 도시에 대한 규명 이전의 명명이다. 인류 역사상 가장 빨리, 대규모로 성장했던 도시들이자 기왕의 도시 이론들이 설명해주지 못하는 도시들이다. 그 속에서 벌어져야만 할 '하이퍼폴리스의 도시건축'은 8년 전에 시작된 한국예술종합학교 건축과 전문사 과정의 탐구과제이기도 하다.
하이퍼폴리스는 각 도시들이 가진 서로 다른 역사적 배경에도 불구하고 시공간적 압축과 농축의 과정들을 공유한다. 그 과정의 결과 혼성적이며 다중적인, 수많은 계열들 사이의 교차라는 특유의 현상들을 또한 공유한다. 하이퍼폴리스의 도시화 과정은 매우 불연속적이다. 그 사이사이 균열이 내재된 아시아 근대의 역사와 정확히 일치한다. 균열은 삶을 담는 형식인 도시-건축에서 더욱 두드러진다. 그러나 그 균열은 치유의 대상이기보다는 새로운 잠재력의 가능성이다. 하지만 하이퍼폴리스의 잠재력은 쉽게 그 모습을 드러내지 않는다. 단지 가능한 것은 그 잠재력에 대한 지속적 탐구와 그것의 현실화를 위한 상상력 가득한 질문들이 있을 뿐이다.

하이퍼폴리스의 탐구는 도시를 최종 목표로 삼지 않는다. 건축 또는 도시건축이다. 도시에 대한 탐구는 언제나 새로운 건축을 위한 토양이었다. 로시(A. Rossi, 〈Architettura della Citta〉), 벤츄리(R. Venturi, 〈Learning from Las Vegas〉) 그리고 쿨하스(R. Koolhaas, 〈Delirious NewYork〉)가 그랬다. 자신의 도시에 대한 규명 없이 건축의 당대성이 드러났던 일이 없다. 그러나 그 답을 누가 알 것인가. 사실 쉽게 드러날 리 만무하다. 실천의 기회가 쉽게 주어지지도 않는다.

실천은 겨우 작은 것들에서 일어날지라도 새롭게, 섬세하게 보려 하는 태도가 중요하다. 그런 미시적인 작업들이 모여 일정한 이야기를 생산할 수, 아닐 수도 있다. 지금 문화역 서울에서 전시되고 있는 젊은 작가들의 전시회, '건축한계선' 속에서도 충분히 읽혀지는 일이다. 그들 중에는 심오한 근대주의자(Modernist)도 없고 터무니없는 매개변수 조정도 없다. 이 도시가 저 도시와 다르다는, 그래서 그 리얼리티 속에서 작업하고 있다는, 낮은 목소리임에도 뚜렷한 인식만이 있을 뿐이다. 실천 이전에 읽어내야 하는 과제들이 아직 널려있다.

하이퍼폴리스의 탐구를 위해, 한예종 건축과에는 도시건축연구소(IUA라 부른다)가 설립되어 있다. 설립의 직접적인 계기는 2005~6년에 진행되었던 광주 문화도시 기본구상이었지만 내게 도시 작업은 그 이전에 진행했던 고창, 양구, 춘천 작업의 연속이었다. 사실 더 추적해 본다면 sa의 도시 워크숍이 그 뿌리다. sa 워크숍은 내게는 훌륭한 학교였고 그곳에 모여 한 여름을 봉사했던 수십 명의 튜터들 모두는 내게 훌륭한 가정교사였다.

학교의 연구소를 통해 본격적이며 다양한 도시 연구들이 진행되어 왔다. 대부분 법제 연구가 아닌 자유로운 비전 연구들이다. 광주에 이어 순천 문화도시 연구, 무주, 나주 도래마을 연구가 이어졌다. 아산의 기원인 영인면과 봉평처럼 작은 면 소재지를 들여다보았는가 하면 경기도 내 한강과 임진강 전체 유역에서 사대강과는 다른 시각의 가능성을 함께 논의하기도 했다. 함께 라는 것은 학교의 다른 선생들 뿐 아니라 그 과제에 모인 다양한 분야의 초빙 연구진들이었다.

즐거운 논의가 계속되고 일정한 시각이 만들어지기도 했다. 우리 도시 어디에서나 그 상태는 착종(錯綜)이었다. 옛것과 새것들이 착종되고 계열과 축척이 서로 다른 것들이 겹으로 착종되어 있었다. 이미 누구나 알고 있는 혼돈의 상태였다. 그런데 혼돈은 질서의 또 다른 이름이라 했던가? 그 혼돈과 착종 속에서 묘한 가능성들이 꿈틀댐을 본다. 아니 아직 보이는 것은 아니다. 느껴질 뿐이다. 그런데 그것이 벤츄리가 이야기했던 복합성(Complexity)이 그저 다원의 차원이라면 이곳에서는 그것과 차원이 제곱으로 다른 복잡성(Complexity)이었다.

이 생각들이 계속 도시로 이어진다면 그것은 착종으로 엉킨 실타래를 일부 풀어내고 다른 방법으로 그것을 다시 감는 일이 될 것이다. 그 중에서도 우선 도시 공공영역들을 네트워크 시키는 다른 방법에서 말이다. 그리고 이 생각들이 만일 건축으로 접속된다면, 그것은 착종의 현상이 수용되어 기왕의 오랜 미적 판단의 기준들이 작동되지 않는 다른 즐거움의 건축을 만들게 될 것이다. 사실 제대로 배운 적도 없는 모더니즘의 망령을 떨쳐 내면서 말이다. 참 이상하다. 실제로는 그 강령을 따라 실천했던 경우도, 능력도 없었는데 매 작업마다 머릿속에는 언제나 어설픈 근대 추상의

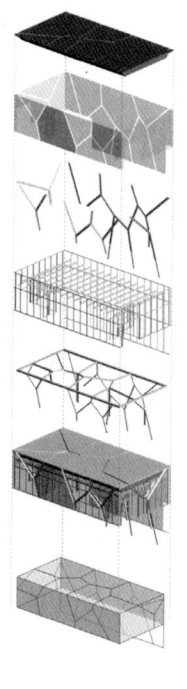
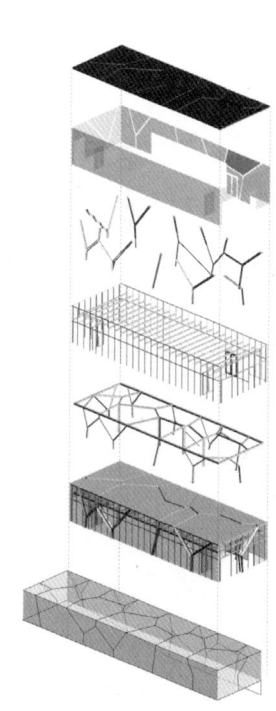

파빌리온

구조가 한 무더기 자리하고 있는 것 같았다. 그런데 이제 점점 무의미해지고 있다.

기억술
건축으로만 본다면 나의 작업은 대개 기억에 관계하는 공공의 일들이다. 무수히 떨어지고 어쩌다 붙는 작은 프로젝트들이기 때문이다. 그 과제에서 요구되는 기억의 욕망, 기념의 강요가 상투적이라고 느낀지 오래다. 즐겁지 않다. 그 상투성을 뒤집어 강요를 피하는 법, 그래서 진정한 기억으로 다시 살아나는 법이 매 프로젝트에서의 주된 관심사이다. 역사 이래 기억의 욕망과 건축의 관계는 이미 모두 잘 알려져 있다. 그리고 자유로운 작가들이 그 욕망에 대해 질문을 던지는 사이에도 여전히 건축가들은 그 욕망에 순응하고 있다는 것을 우리는 잘 알고 있다. 내가 꼽는 최악의 기념물이 있다. 베를린 한 복판에 있는 피터 아이젠만 작, '유럽에서 희생된 유태인들의 메모리얼'이다. 관 크기의 콘크리트 덩어리 수천 개가 베를린 도심 한 블록을 폭력적으로 뒤덮고 있다. 그가 그렇게 한 도시의 심장부를 짓누르는 동안 호하이젤(Hoheisel)이라는 조각가는 독일의 '최종 속죄'를 위해 '아예 브란덴부르그 문을 부수어 그 돌들을 운터 데어 린덴 가로 바닥에 깔아주면 어떠한가?'라는 역설적 프로젝트로 질문하고 있다.

기억에 관한 근본적인 질문과 관심은 아마도 명지대 방목기념관에서부터 시작된 듯하다. 학교 설립자의 기념관이 오히려 전망 좋은 식당이 되어 기념이 일상으로 되는 것. 동시에 자칫 지루한 캠퍼스를 교란시키는 호기심의 덩어리가 되는 것이 그 때문이었다. 박수근 미술관에서는 결국 화가와 방문객이 만나야 하는 문제였다. 그림을 담는 미술관에 앞서 청년 박수근을 만들었던 풍경을 방문객이 함께 보는 장치로써의 미술관이 더 큰 관심이었다. 그러니 미술관은 얕은 구릉의 풍경 속으로 점차 사라지게 된 것이다. 광주 비엔날레 남광주역 전시장은 이미 사라진 철길과 철도역을 오히려 직설로 환기하고 있다. 왜냐하면 오히려 이곳에서는 운동가들 이외에는 아무도 폐선부지의 기억을 정면으로 말하고 싶어 하지 않았기 때문이다.

이화여고 백주년 기념관은 사실 온건한 프로젝트였다. 그러나 남성들로 구성된 이사진들에게는 불온한 프로젝트가 되어 버렸다. 프라이 홀이 있던 자리이기에, 그 벽돌들이 교정에 아직 깔려 있었기에 그것들과 관계하는 소소한 기억의 장치들은 마련되어 있지만 내게 더 중요한 것은 학교 설립자인 스크랜턴 여사의 건학 정신이었다. 그 정신이 말하는 여성으로서의 사회에 대한 책임과 진취를 더 중요하게 받아들였다. 그 결과 시설의 반이 학교보다는 정동 길을 향해 열려 설립자가 말하는 책임을 다하고 있다. 분원 백자관과 이순신 기념관이 그 뒤를 따른다. 백자관은 정확하게는 백자를 만들던 도요지 발굴 기념 박물관이다. 그러니 멋진 달 항아리 분원 백자보다는 깨진 파편들

과 도공의 기억이 더 앞에 나서 있어야 했다. 이순신 기념관은, 어쨌든 서 있다. 감리를 못하는 사이에 내부에 이상한 4D 상영관을 만들어 놓아 아직 가볼 용기를 못 내고 있다. 하지만 하고자 했던 일은 분명했다. 우리에게 너무도 익숙한 충무공 이순신에 대한 해방이었다. 그리해서 상식 속의 장군이 아닌 각자 내면의 장군이 될 수는 없는가에 대한 시도였다. 십년 안에 그 이상한 상영관은 사라지고 원래 설계된, 인간 이순신에게 가장 중요한 난중일기의 방이 만들어질 것이다.

노근리 역사 평화박물관은 미군에 의해 벌어진 양민 학살을 다루고 있다. 그러나 그 전체의 진실을 규명하는 일은 아직 현재 진행형이다. 분명한 것은 당시 굴다리 안에서 죽은 이들이 체험했을 그 공포와 유족들의 고통이다. 섣부른 애도는 금물이다. 어떤 정치적 윤색도 안 된다. 오직 상실의 아픔만이 있을 뿐이며 학살의 현장을 바로 앞에 둔 기념관은 오직 그 장소로 이어주는 통로의 역할일 뿐이다.

하이퍼폴리스에서의 기억술
내게 기억의 건축과 도시연구는 연구소와 사무실을 오가는 생활만큼 언제나 이중적인 일이다. 그런데 이 마로니에 프로젝트는 그 이중성을 타고 넘었다. 사무실과 연구소가 모두 계약의 당사자였고 작업도 함께 이루어졌다. 상황이 마구 바뀌어도 백년 가까이 마로니에 나무가 붙잡은 것들, 스스로 조직해 낸 도시 공공영역의 장소성, 누적된 기억들이 모두 기억의 건축에 주된 과제였다. 훈고의 기억이 아닌 생성의 기억을 묻는 과제가 되었다. 생성의 기억은, 착종의 장소들이 가진 잠재력을 현실화시켜 내겠다는 하이퍼폴리스의 작업과 연결될 수 있었다. 그것은 또한 긴 시간 속, 가버넌스-협치의 과정을 즐거이 감수하며 진행해 나갈 수 있는 힘이 되어 주었다.

하이퍼폴리스에서의 기억술이 무엇인지 아직 충분히 모른다. 그런데 무엇이 아닌지에 대해서는 말할 수 있다. 기능과 효율이 중요한 것, 선험적인 것, 환원적인 것, 유토피아를 꿈꾸는 것, 동일한 것 등이 앞줄의 목록이라면 도시를 경관, 이미지로 보는 것, 구조로 보는 것, 집단의 기억으로 보는 것 등등이 그 뒷줄에 늘어선 목록들이다. 마로니에 계획의 경험이 내게 말해주는 것은 하이퍼폴리스에서의 작업이 그 목록들에 짓눌리지 않기 위해서 현장의 지층이 말해주는 것들에 얼마나 더 집중해야 하는 가였다. 그리고 하이퍼폴리스의 작업이 타블라 라싸에서의 작업과 달리 장소의 생성을 위해 발생의 장치로써 기억술을 어떻게 조직하는 가였다.

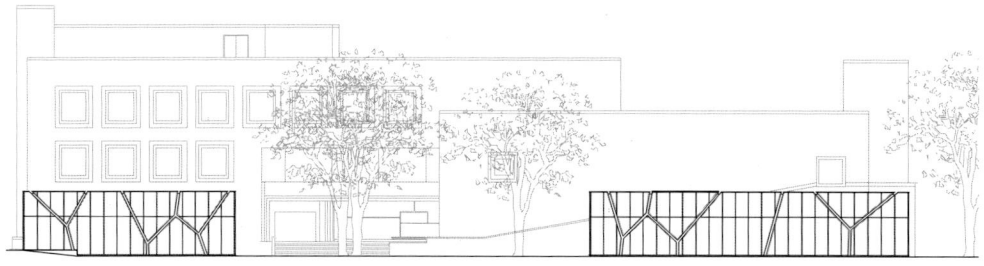

입면도

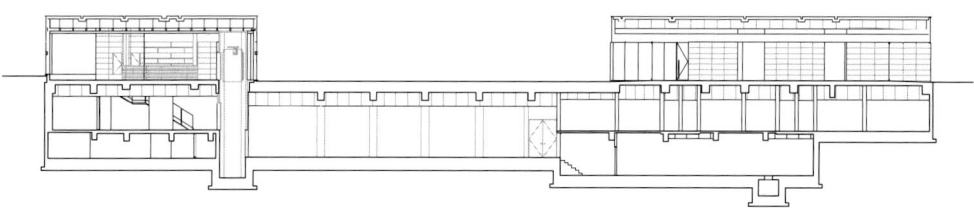

종단면도

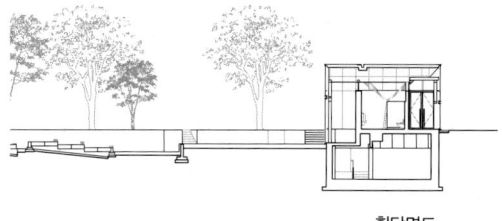

횡단면도

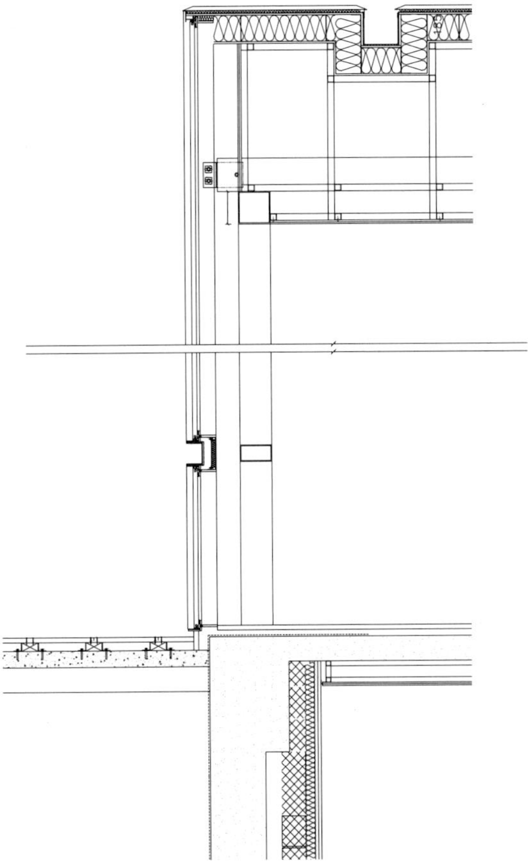

디테일 A

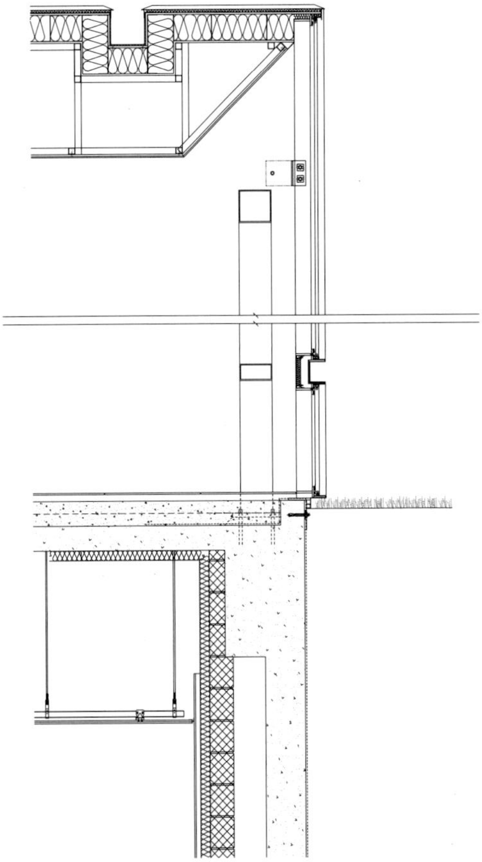

디테일 B

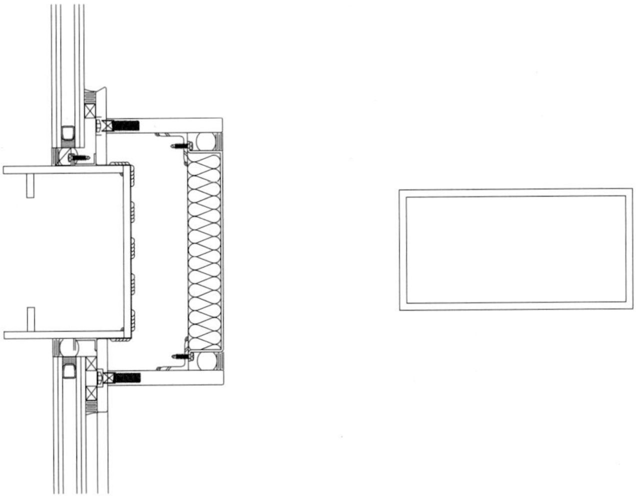

디테일 C

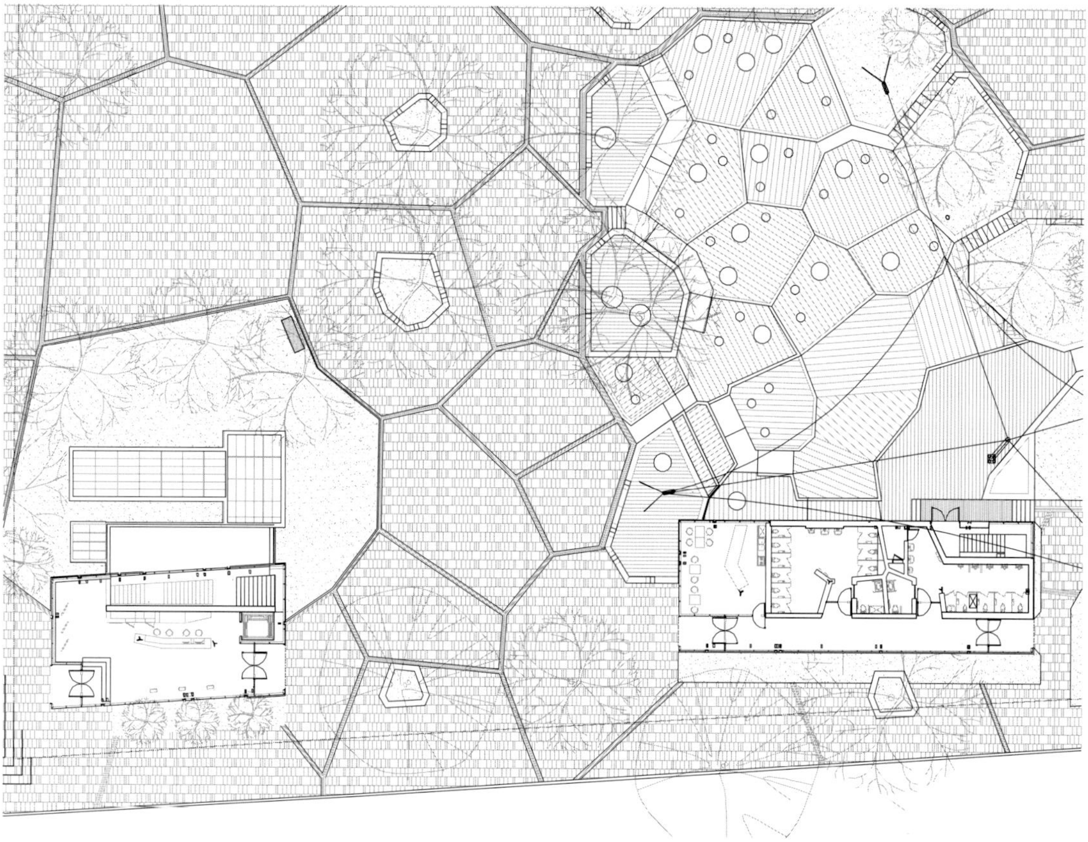

1층 평면도

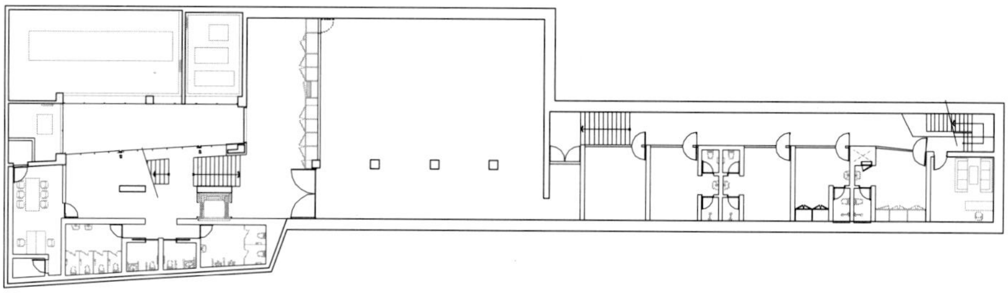

지하1층 평면도

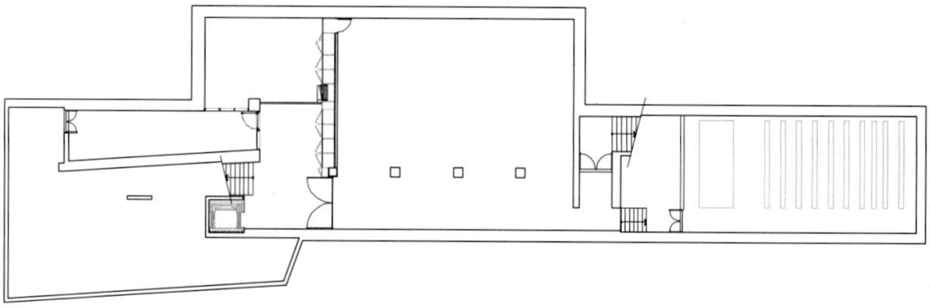

지하2층 평면도

2013
[파주2단지 3제]
Paju 3 Projects

광역배치도

파주출판도시 2단지는 새로운 단지 조성을 위하여 설계와 시공에서 매우 활발히 움직이고 있다. 이 중 이종호 교수가 담당하는 블록은 총 7필지로 구성되어 있으며 필지 소유주의 상황은 서로 상이하여 우선 건축을 결심한 세 개 필지의 설계를 시작하였다. 다른 블록과는 다르게 소규모의 필지로 구성되는 그루비주얼, 나무생각, 위즈덤피플의 사옥이 계획의 대상이다. 수개월 동안 건축주와의 협의를 통하여 기본계획을 수립하였고 현재는 건축허가를 위한 도서작성을 하고 있는 과정에 놓여있다. 세 필지는 우연히도 열을 맞추어 위치하고 있으며 세 건물을 하나의 영역으로 인식하는 계획안으로 진행하였다.

주 진입도로에서 우선 인지되는 위즈덤피플 사옥은 곡선의 도로를 고려하여 이형적 조형과 경쾌한 매스로 대응토록 한다. 유입의 이미지 구현을 위한 넓은 유리면과 업무영역의 단단함을 대비시켜 전체적인 균형과 조화를 꾀하였다.

그 다음 필지에 위치하는 도서출판 나무생각의 사옥은 건축주와의 수차례 협의를 통하여 이들의 흔들림 없는 책을 사랑하는 마음을 읽게 되었다. 건물의 이미지 또한 이를 닮고자 하는 마음으로 정돈되고 단아한 모습으로 네 면이 모두 비슷한 위계의 정면이 되도록 계획하였다. 상대적으로 넓은 면을 분할하여 수 개의 프레임을 형성하고 이를 벽돌로 채우는 방식으로 벽돌이라는 작은 단위가 단계적으로 벽을 형성하여 입면의 조직체계를 구성하고자 한다.

그루비주얼 사옥은 블록의 가장 안쪽에 위치하며 사진 스튜디오 겸 사무실이 놓이게 된다. 실내 촬영을 위한 사진 스튜디오가 가장 중요한 공간에서 매우 큰 볼륨으로 조성되는 프로그램을 갖고 있다. 인접한 두 건물에 비하여 가장 단순하고 무표정한 모습으로 자리잡으며 자연채광의 조율이 필요한 사진스튜디오 공간은 창을 최소화하였고 상부의 업무영역 매스는 단정한 유리매스로 계획하였다. 블록 전체의 혼성을 위하여 벽돌을 주요 외장재로 적용하되 다른 두 건물에 적용되는 벽돌과는 조금 다른 이미지의 단순하고 드러나지 않는 특성의 무채색 벽돌을 제안한다.

파주출판도시 1단지에서 수행하였던 이전의 작업에서는 각 건물의 개성을 강조하는데 역점을 두었고 건물의 계획에 적용되는 여러 규칙에 의하여 공동성이 생성된다고 생각하였다. 하지만 금번의 작업에서는 각 건물들의 개성이 혼성되기 위하여 벽돌이라는 익숙한 재료를 통하여 다채로우면서도 연속성이 형성되는 방식을 제안하였다. 다만 벽돌의 재질과 색상을 서로 달리 하여 각 건물의 개성이 위축되지 않게 유의하도록 한다.

새롭게 정지작업이 이루어지고 동시에 건축되는 단지의 경우 장소성의 반영이 매우 어렵다는 점을 감안하여 건물의 군집이 단지 전체의 새로운 질서를 만들어 낼 수 있도록 하는 방향으로 블록의 개념을 설정한다. 안타깝게도 이종호 교수는 설계의 마무리를 지켜보지는 못하지만 기본계획을 수립한 마지막 프로젝트라는 점에서 큰 의미를 두며 그의 개념을 이해하는 연장선 위에서 설계를 완성하려 한다.

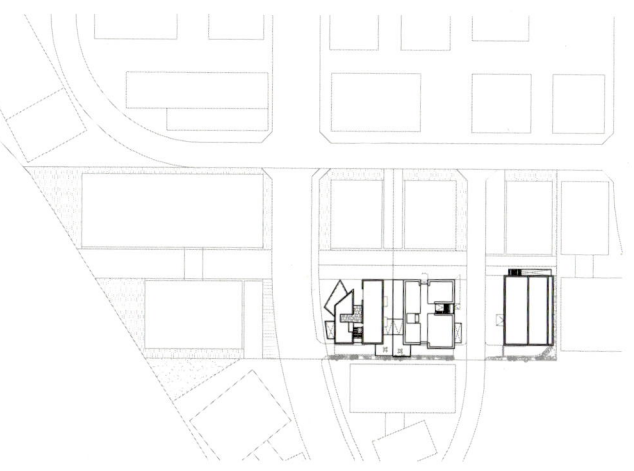

블럭배치도

설계연도　2013
대지위치　경기도 파주시 서패동 470-5 (파주출판 2단지 내)
건축규모　지하1층 / 지상4층
연면적　　971.12m²

2013
[그루비주얼 사옥]
Guruvisual Building

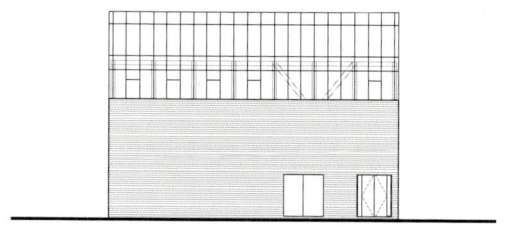

입면도-1

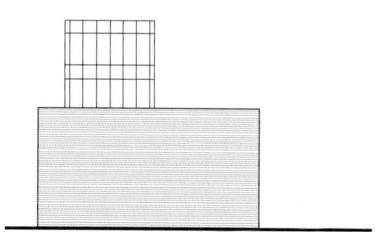

입면도-2

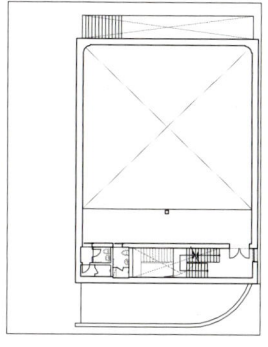

지상2층 평면도

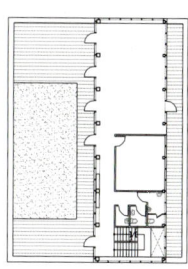

지상3층 평면도

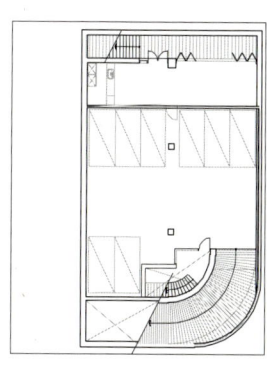

지하1층 평면도

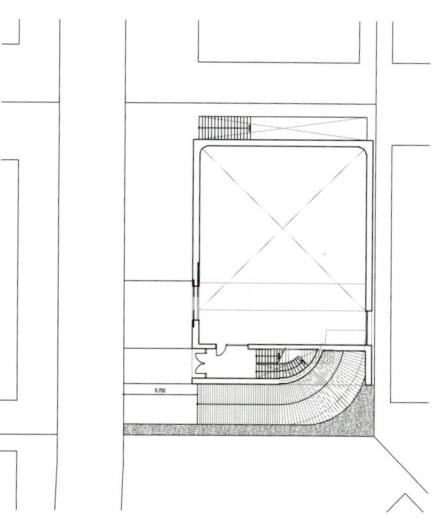

지상1층 평면도

설계연도 2013
대지위치 경기도 파주시 서패동 472-1 (파주출판 2단지 내)
건축규모 지하1층 / 지상5층
연면적   1,656.58m²

2013
[청아출판사 사옥]
Chunga Publishing Building

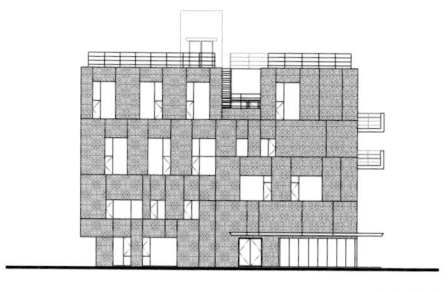
입면도-1

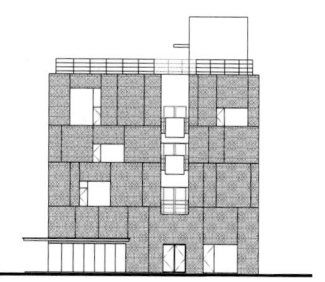
입면도-2

지상2층 평면도

지상3층 평면도

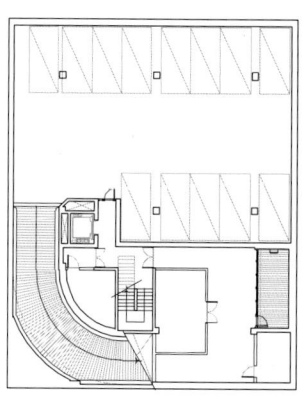
지하1층 평면도

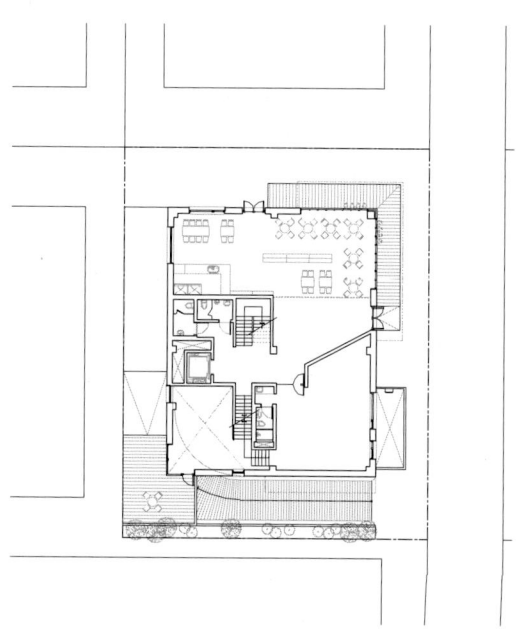
지상1층 평면도

설계연도 2013
대지위치 경기도 파주시 서패동 472-3 (파주출판 2단지 내)
건축규모 지하1층 / 지상3층
연면적 1,115.33m²

2013
[위즈덤피플 사옥]
Wisdompeople Building

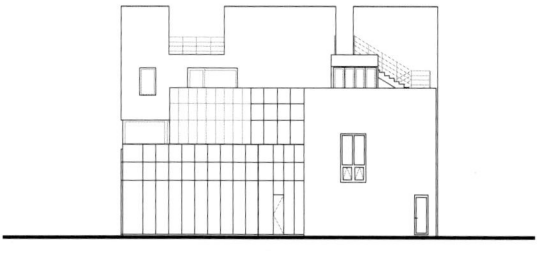
입면도-1

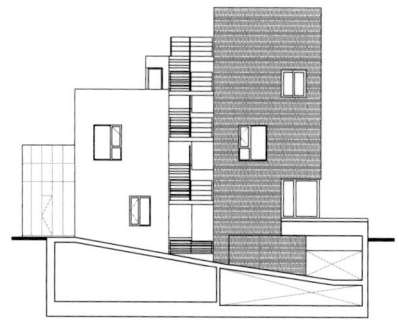
입면도-2

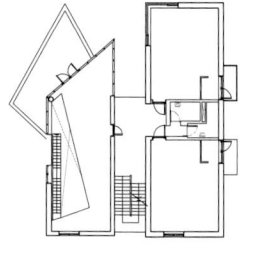
지상2층 평면도

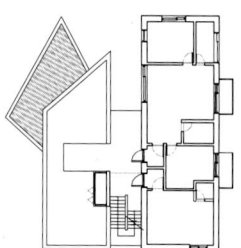
지상3층 평면도

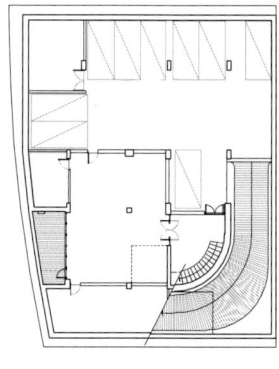
지하1층 평면도

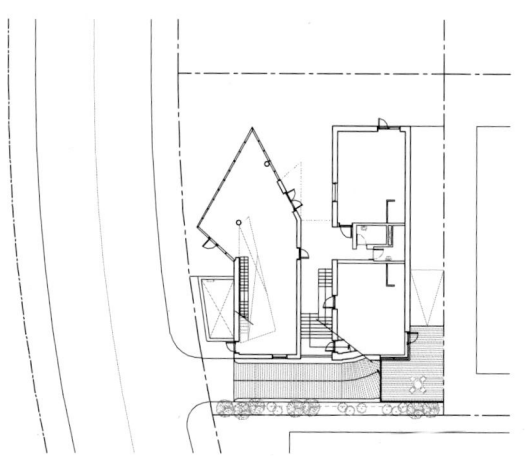
지상1층 평면도

설계연도 2013
대지위치 서울시 중구 정동 17-4
건축규모 지하3층 / 지상9층
연면적 9,958.60m²

2013
[이화정동빌딩]
Ewha Jeongdong Building

스크랜튼 여사가 말했습니다.
'.........우리는 다만 한국인이 더 훌륭한 한국인이 될 수 있게 하는데 보람을 느낄 뿐이다. 한국이 한국적인 것에 대하여 긍지를 갖기 바라며 나아가서는 그리스도와 그의 교훈을 통하여 완전한 한국인이 될 것을 바라 마지 않는 바이다'
오늘을 사는 우리들이 일 백여 년 전 여사가 남긴 말들을 다시금 되새기는 일만으로도 가슴 저 깊은 곳에서 살아있는 울림이 느껴지는 듯합니다.

이화학원
오늘 이화학원이 보여주는 진취적인 교풍은 저 스크랜튼 여사의 말씀 속에서 그 근원을 찾을 수 있다. 그리고 그러한 스크랜튼 여사의 말씀에 더해, '인간에게 가장 중요한 것은 개성이며, 사람은 누구나 자기만 가지고 있는 재주가 있다'는 화암 신봉조 선생의 가르침은 그 동안 이화학원의 졸업생들이 보여준 사회 각 분야 속에서의 다양한 성취의 또 다른 근원이기도 하다.
신봉조 선생의 또 다른, 매우 중요한 업적은 한양의 옛 성곽 너머 전차 종점까지 이화학원의 영역을 확장시킨 일이다. 그 결과 이화학원은 어느 학교에 비할 바 없는 넓고 잘 다듬어진 캠퍼스를 갖게 되었고 그 캠퍼스 속 노천극장, 유관순 기념관 등을 통해 더 큰 세상을 향한 문화적 메시지를 내보일 수 있었다.
어쩌면 그것이 오늘날 정동 영역이 가진 문화적 아우라를 만들어 온 초석 가운데 하나일 것이다.

정동
조선시대 왕가의 영역이었던 정동은 개화기에 들어 외국 공관들, 경운궁 그리고 근대 교육시설과 의료시설 등으로 가득 찬, 도성 내에서 가장 치열한 국제 정치의 장이 되었다. 이후 식민 시기 공관들은 다 떠나고 식민 권력의 한 축인 고등법원이 들어섰지만 이화학원을 포함한 교육시설과 종교시설은 이 영역의 특성을 변함없이 지켜오는 힘이 되어 주었다.
해방이 되고 또 세월이 지나 이제 정동 영역은 오늘 날 시민사회의 도시가 필요로 하는 문화적 영역으로 자리 잡아 나가고 있다. 그 결정적 계기는 정동극장과 시립 미술관이었지만 말한 바 이화학원의 교풍, 졸업생 및 활발한 활동과 교류가 그 바탕을 이루었음에 틀림이 없다.
이화여고 100주년 기념관은 바로 그와 같은 흐름을 이어 더욱 강화시키려는 작업이었다. 그리고 다시 이화학원 재단 시설이 그 정동길에 들어서려 한다.

대지
오래된 정동 아파트와 캐나다 대사관 그리고 뒤편에 신축된 정동 빌딩(옛 CCC회관)이 대상 부지를 에워싸고 있다. 하지만 캐나다 대사관 옆으로 대지의 남측이 절반 정도 열리고 북측에는 프란치스코 수도원의 정원이 있어 상당한 개방감을 준다. 이 점 세 면이, 그 중에서도 두 면은 10층 이상의 건물에 둘러싸여 있는 부지의 조망, 채광, 환기를 위한 중요한 돌파구다.
그럼에도 불구하고 정동길에 면한 서측 면의 중요성은 가장 크다. 신축시설은 이 면을 통해 정동길과 도시적 대화를 하게 될 것이다. 그것을 위한 개방감, 시설 외벽의 물성 그리고 사람과 차량의 진출입 등이 계획의 중요한 요소가 될 것이다.

재단 빌딩
신축건물은 재단의 시설이기에 이화학원을 위한 재정적 역할을 잘 해내는 것이 중요하다. 많은 부분이 업무공간으로 임대될 것이며 저층부의 시설들은 더 큰 임대수익을 위해 식음료 공간으로 활용될 가능성이 높다. 그것과 관련하여 다음과 같은 두 가지의 중요한 고려 사항이 있다.
하나는 업무시설 임대단위 규모의 적정성이다. 조사에 따르면 정동길 영역에서 유치

가능한 임차인은 소규모 지식서비스 업체 또는 소규모 외국계 기업이다.
그리고 그 임대 단위는 대개 100평을 넘지 않는다. 따라서 그와 같은 규모로 독립적인 임대단위를 준비하는 것이 최상의 조건이라는 판단된다.
두 번 째 고려 사항은 저층 공간의 수익 극대화다. 그런데 이 경우 자칫 임대 수익 만을 좇게 될 경우 여러 입주 시설 때문에 생기는 난삽함이 상층부 업무공간 뿐 아니라 전체 건물에도 부정적 영향을 끼칠 수 있다. 따라서 그와 같은 위험을 피하면서도 정동길의 격조있는 활기와 잘 어울리는 동시에 임대수익의 극대화를 함께 이룰 수 있는 신중한 계획이 필요하다.

DECORUM
[NOUN] Decorum is behaviour that people consider to be correct, polite, and respectable.
명사[U] 1. 몸가짐이 단정함, 예의바름. 예의바르게 행동하다.
    2. 적당함, 알맞음, 어울림.
    3. (decorums) (상류 사회에서 필요한) 예절, 에티켓.
    4. (문학·연극) 주제와 문체의 일치

지상 5층 평면도

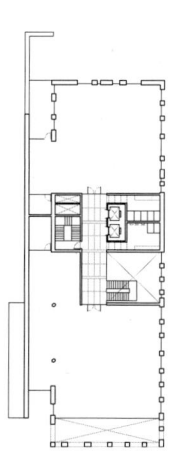

지상 7층 평면도

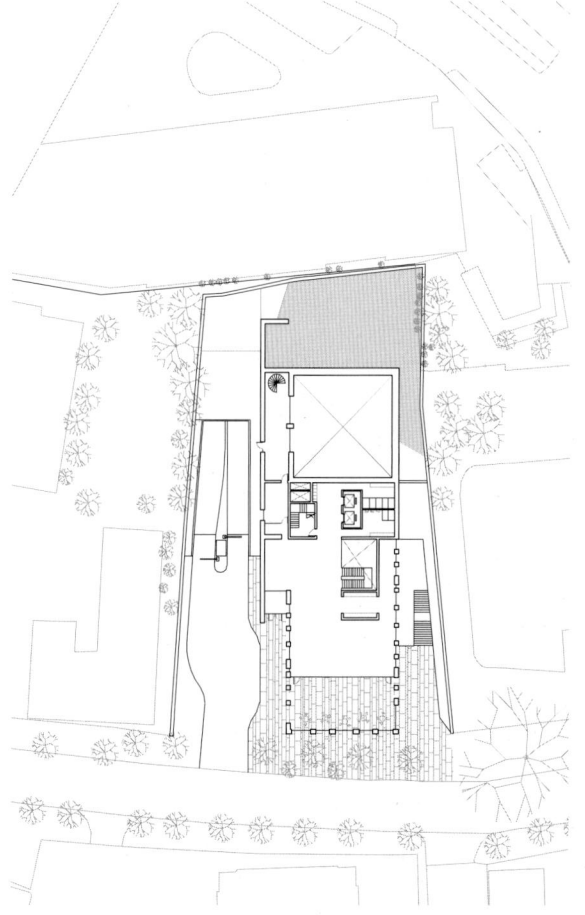

지상 1층 평면도

지상2층 평면도

건축가 이종호
Architect Yi Jongho

초판1쇄 인쇄 2016년 1월 25일
초판1쇄 발행 2016년 1월 30일

지은이 · 우의정
자료제공 · (주)건축사사무소 메타
주소 · 서울특별시 성북구 성북로 122 성북프라자
전화 · 02.747.8836 | 팩스 · 02.747.8834 | 홈페이지 · www.metaa.com

발행처 · 도서출판 우리북 | 출판등록 · 2010년 8월 27일 | 등록번호 · 제 321-2010-000175 호
마케팅 · 강덕진 | 편집 · 맹기영(idletime@paran.com)
주소 · 서울특별시 서초구 양재동 265-10번지
전화 · 02.3463.2130 | 팩스 · 02.3463.2150 | 이메일 · kyd2130@hanmail.net
홈페이지 · http://ooribook.com
값 38,000원 ISBN 979-11-85164-17-5

※ 이 책은 (주)건축사사무소 메타에 저작권이 있으며 저작권자와의 허락 없이 일체의 무단 복제와 전재를 금합니다.
※ 한양대학교 공간연구회 김홍일, 이민관, 이은영, 유영진, 지승선, 최부귀가 함께 합니다.